本 色 建 筑
GENUINE ARCHITECTURE

还 建 筑 空 间 之 本 · 正 建 筑 美 学 之 色

桂学文 著
GUI XUEWEN

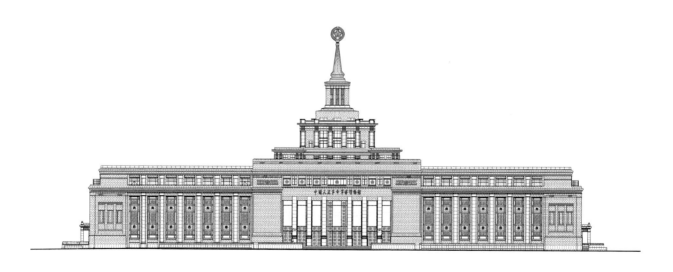

中国建筑工业出版社

　　中南院作为我国最早成立的大型综合性建筑设计院之一，60多年来，中南设计人始终坚持严谨、平实而又富有创意的创作作风，坚持以精品意识、创新意识和服务意识报效国家和人民。

　　桂学文总建筑师是20世纪80年代中期自东南大学毕业来到中南院工作的后辈，基本功扎实，工作认真负责。我作为院里当时的总建筑师十分欣慰地看到他始终保持着对建筑创作的执着热爱和激情。在我主持的项目中，他勤勉好学，扎实肯干；在我指导下工作时，他低调谦逊，严谨求实；与我合作设计时，他积极探索、锐意进取；当其独立创作后，他开拓创新，不断追求卓越，在大胆地孜孜求索中逐渐走向成熟。其作品追求以建筑的适用性、逻辑性及对地域文化的关注来表达对建筑现代性的理解，这与我自中山大学学习开始就秉持的"技术理性，务实致用"的设计观念相通。

　　这本书收录了桂学文总建筑师近年的创作精品，这些作品涵盖了建筑的多个类型：有性质重要、功能复杂的博览文化建筑，有超大型综合性现代交通建筑，有标志性的超高层建筑，也有创新性、高品质的居住小区规划与居住建筑设计等。许多作品均表现其以人为本，关注建筑与环境的和谐；力求体现传统与现代的完美融合；通过建筑设计提升品质与特色，能以城市更新、文化沿承及生态文明的视角解读场地，充分展现了其"还建筑空间之本，正建筑美学之色"的设计之道。

　　桂学文总建筑师作为中南院的技术带头人，在建筑创作、建筑技术、建筑理论各方面都取得了丰硕的成果。设计作品获得多项国家金奖及一等奖，参编了建筑设计的国家标准，多次参加了全国建筑教育评估，全国优秀设计评审工作。在业界及学术界有较高的知名度和影响力，为建筑事业做出了突出贡献。希望桂学文总建筑师再接再厉，带领中南院团队创作出更多更优秀的建筑作品。

全国工程勘察设计大师
中南建筑设计院顾问总建筑师

2016年1月

　　"形式与功能"是建筑学永恒的话题，两者的取舍与侧重既是建筑师自身思想的展现，更是整个行业永恒的课题。而当今的建筑创作在经济快速增长的过程中，"重形轻用、因物忘人"的状况比比皆是。真正关乎建筑品质、关于人的直接感受的"形而下"问题都似乎退居其次。

　　桂学文总建筑师平和低调，谦虚诚恳，三十年矢志不移，扎根一线，潜心创作，对作品创作充满激情又精益求精，不断追求卓越。他倡导建筑形式应是建筑功能的真实逻辑反映；充分考虑建筑与环境的和谐、自然关系；准确把握建筑合适的定位与城市角色；致力建筑设计原创并努力提高建筑品质和完成度，力求体现时代性和地域性；坚持探求本色设计。这本书是他近年建筑创作的精华结晶，实践与理论碰撞的优秀成果，从中不难看出桂学文总建筑师严谨求实的创作态度和理性精神。其多数作品都具有相当的社会影响，得到了业内的广泛肯定。

　　我与桂学文总建筑师相识多年，也都在国有大型建筑设计院承担总建筑师一职，从事建筑创作及技术管理、研究工作。虽然各自所处地域不同，然而我们关于回归设计本原，"在建筑营造上就地取材，在建筑尺度上适合人体习惯，在与环境关系上协调相容"的设计理念是不谋而合的。

　　桂学文总建筑师勇于创新、结合地域、因地制宜，通过设计提升建筑品质，其建筑创作取得了丰厚成果：目前完成设计并正在实施中的"中国人民革命军事博物馆（改扩建）工程"是新中国成立初期的首都十大建筑之一，他的设计传承经典、开拓创新，让博物馆的历史感与时代性和谐对话；"武汉天河国际机场T3航站楼"用现代简约的设计手法展示荆楚文化的浪漫气质与地方文脉，同时先进的流程空间及无缝对接的换乘交通流线设计，充分体现出以人为本的设计理念；已经投入使用的"保利文化广场"，通过理性设计的"门形"结构，堪称超高层大型综合体中现代简约的典范；武汉万科·润园项目规模不大，但叠层院墅的建筑设计符合东方传统的宜居观念，同时最大程度保留原生大树，探索了现代都市中诗意的栖居。

　　桂学文先生作为中南院的总建筑师，除了大量主创主持项目实践，更是中南院乃至湖北省建筑行业的技术领头人，事无巨细；平时十分注意理论研究及学术交流；参编了《民用建筑设计通则》，在建筑专业的核心期刊发表专业论文，积极参与高校教育评估，为行业发展做出了贡献。

　　近年来，他带领中南院及其工作室在各方面都取得了傲人的成绩，我们在庆贺的同时，更期望桂学文总建筑师和他的团队今后创作出更加优秀的建筑佳品。

全国工程勘察设计大师
第七届梁思成建筑奖获得者
中国工程院院士

2015年12月

关于"本色建筑"的对话
The Dialogue about "Genuine Architecture"

李保峰

华中科技大学建筑与城市规划学院院长
《新建筑》杂志社社长
中国高等学校建筑学评估委员会委员
华中科技大学教授、博士生导师
国家一级注册建筑师
享受中国国务院政府特别津贴专家

1.李保峰（以下简称"李"）：依我对您设计作品的理解，我认为"本色建筑"这个词可以非常贴切地表述您的建筑哲学，可否请您系统阐述一下"本色建筑"的内涵？

桂学文（以下简称"桂"）：入行三十年，有幸做了不少建筑项目，也进行了一定的思考。所谓的"本色建筑"，是去伪存真、理性思辨、挖掘提炼，是一种升华，并以可持续的理念和态度，构建一个经得起时间考验的建筑。简单来说，就是"还建筑空间之本，正建筑美学之色"。而"本色"的逻辑，我想主要分为三点：

一是功能的逻辑，应以人为本，定位要恰当，尽量通用性强并兼顾发展弹性。

二是建构的逻辑，能根据项目定位、标准、造价，恰当地进行建构，这要求建筑师不断地学习和了解并掌握新技术新材料，关键在于适用和巧用，整合与集成。

而对于城市角色的逻辑，就是做设计除了考虑建筑本身的形象，同时也应考虑它在城市环境语境下对城市空间的回应，最好还有超前的眼光和意识。

2.李：您的诸多作品分别涉及首都"心脏"、特大城市中心区、郊外古代及近代遗址、老城历史建筑街区及名人故居等，面对不同的地点和设计对象，您如何给项目定位？又是根据什么原则来确定不同的设计策略？

桂：这的确重要，有时很困难很纠结，一旦定位不准或有误就满盘皆错。必须要慎重分析研究，更应现场感受、体会，客观提炼决定性要素，当然平时的学习积累和开放式交流也会为准确定位提供有益的帮助，每个项目的设计策略会根据具体情况确定。

3.李：社会住宅是有些关注原创的建筑师比较回避的领域，回避的原因之一是制约太多、难有创新，但您规划设计的武汉万科·润园和武汉万科·城市花园南区却在一系列制约中做出了个性和特色，包括住区和城市的关系、住宅的类型以及整合场所原有肌理的尝试，您是如何挖掘以及挖掘到了哪些设计线索？

桂：城市住宅量大面广，发展也十分迅猛，但似乎并不受主流建筑师的待见，20世纪90年代本人也是以不情愿的态度开始住宅项目设计的。建设部鉴于当时住宅设计水平及建设质量不高，为推动住宅产业的健康发展，在全国树立了几个试点小区，其中武汉常青花园四号小区（也是最大的试点小区）名列其中，本人在无法推脱的情况下主持了该项目的规划设计，这其实更是一个全方位学习和提高的过程，使我对居住区规划和住宅设计有了脱胎换骨的认识。2006年面对武汉万科·润园，本可轻车熟路结合万科标准化产品快速出活，但用地内近900棵遍布场地的树木，让甲方和我们既兴奋又犯难，最后大家一致认为应当结合树木保护的同时进行住宅的创新设计。如何塑造既节地，又有天地间的"诗意栖居"的住所，这似乎自相矛盾，是几乎无法完成的任务，那么只有抛开传统的单元式住宅设计模式，创新思维，不断探索；最终，我们在与万科总部研发中心的通力合作中，完成了节地型3～4层"叠层院墅"的创新设计，建筑因树制宜，"树下种房"，费了九牛二虎之力，完成了武汉万科第一代城市住宅的涅槃。2009年在此经验的基础上结合用地竖向高差，顺利地完成了第二代"叠层院墅"——武汉万科·城市花园南区（红郡）的设计，将车库、住户特色创意空间完善于其中。因地下空间结合多重下沉庭院、采光井，小区空间生动、活泼、独具特色。

4.李：您设计的保利文化广场在2015年国家设计奖评审中获得了一致好评。该项目所处的洪山广场是一个街道体系复杂、周边建筑混乱的重要城市地段，面对这种复杂混乱的场所关系，保利文化广场的设计逻辑是什么？

桂：首先用地规模相对建筑体量是较为紧张的，当时规划设计条件限高，不能走超高层单塔的路子，只好运用体块组合的方式，研究分析较为凌乱的周边建筑形态和星形放射状道路系统。建筑除了要考虑与环境的相互协调外，更应修补城市空间并统领城市空间节点，所以将46层的主楼沿城市中轴方向布置，其他体量穿插组合，形成独特的巨门造型。巨门之内的大客厅是衔接内（办公、商业）外（洪山广场）的公共空间，或称之为枢纽空间。运用现代极简的设计手法，塑造高品质的现代都市透明建筑显得较为顺理成章，也是对发展中的都市核心节点的回应。

5.李：盘龙城是3500年前的人类聚居遗址，据说现场已经难以找到明显的人类活动遗迹，在这种类似"破案"的语境下，您是如何寻找到盘龙城博物馆的设计灵感的呢？

桂：盘龙城据考证是我国南方最早的城址，被誉为武汉的"城市之根"。武汉现已将盘龙城核心区和一般保护区等统一规划为近450公顷的盘龙城遗址公园，公园自然风景优美。遗址博物馆是其中很小但又很重要的一部分，面向未来，消隐建筑，使其尽量融入环境，是我们对该设计创意的理解。

6.李：武汉天河国际机场T3航站楼是您即将于今年完工的设计作品。我注意到，该建筑的风格与您以往设计的简约风格有所不同，能谈谈造成这种风格差异的原因吗？

桂：风格形式与建筑功能、空间和所处环境相关。武汉天河国际机场T3航站楼是具有近50万m²的国内枢纽机场候机楼，属于超大型现代交通建筑。现代简约的流畅建筑，结合创新运用的四个庭院，既体现出现代交通建筑开敞明亮、流线清晰的空间特性，同时也是对夏热冬冷的武汉地区气候特征的良好回应。要说与以往建筑风格的不同之处，主要是运用了舒展流畅的空间形体。所以说建筑形式因项目而异，因地制宜。

7.李：中国人民革命军事博物馆改扩建工程位于北京长安街的重要城市节点，老馆是20世纪50年代的首都十大建筑之一，它是几代人的历史记忆，您在设计这个项目时遇到的主要制约是什么？您是如何平衡这诸多复杂关系的？

桂：主要制约有：一是用地紧张，对外交通组织不合理；二是保留建筑的结构不符合抗震要求，柱网也偏小，缺乏空调、消防设施，缺乏便捷的竖向交通设施与空间；三是因保留建筑空间较为封闭，影响观展流线；四是新馆（扩建部分）采用创新风格形式难以获得各方认同。

设计中采用了以下方式平衡这些复杂关系：一是将扩建部分体量向地下及北面扩展，合理规划内外交通流线；二是合理加固改造保留建筑结构，巧妙增设空调、消防设施和竖向交通设施，尽量修旧如旧；三是运用明晰的空间节点，串联并丰富观展流线；四是尽量争取运用现代手法，体现时代性。

8.李：湖北省人民政府办公大楼是您16年前的作品，它反映了您在那个时代，对那种特定类型建筑的理解。设计湖北省最重要的政府办公建筑，您当时遇到的困难是什么？

桂：原省政府办公楼是危楼，无法改造利用，是经国务院特批设计兴建。当时是严控"楼、堂、馆、所"的2000年时期，各方面控制十分严格甚至是苛刻。首先是三个严格控制：其一，严格控制面积3.5万m²，一平方米也不能超；其二是严格控制投资不能超；三是严控标准不能超。原来方案中的公共空间，绿化庭院，灰空间全部取消，只保留紧凑的使用空间和必要的辅助空间。

另外，湖北省属于不发达省份，省政府自我要求所有建材及设施只能选用国产一般标准产品，我们只能通过"粗粮细作"精心设计、创新设计，提升建筑的设计品质和完成度。

9.李：华电集团华中总部研发基地是武昌江边的标志性建筑，我感到，您除了从城市设计角度处理空间以外，也对建筑与景观的整合给予了相当的重视，甚至在高密度的城市中为市民创造了一个宜动宜静的世外桃源。这涉及单位权属空间的公共性开放使用问题，对城市无疑具有积极意义，但并非所有的甲方都愿意如此，在发达国家通常也是靠容积率奖励制度才能推进的，您是如何说服您的甲方同意如此做法的？

桂：结合独特的滨江资源优势，塑造面向长江的开放的大绿坡广场，形成充满活力的城市标志性空间节点。这既提升建筑的附加值，也提升建筑的环境价值和社会价值，较好地实现了多赢的设计方案，这是甲方欣然接受的前提。

在方案评审过程中，专家（包括您在内）及政府均希望甲方在建设城市标志性建筑的同时能为城市做出贡献，这与华电集团作为有责任感的央企的发展理念不谋而合。能够充分实现多方认可的方案，这的确是作为建筑师的幸运。（完）

2016年1月20日

目 录　Contents

理论及评述
Theory & Comments

适度技术，本质设计
——湖北省人民政府办公楼建筑设计

Proper Design，Essential Design:
Office Building of Hubei Provincial People's Government

2000年，湖北省政府报国务院批准，决定拆除原3层办公危楼，在原地兴建一幢总面积规模为3.5万m²的省政府办公楼。该项目地处武汉市武昌区内，位于城市中心广场——洪山广场与风景优美的东湖之间，属省行政区域的西侧。建设用地为不规则的梯形坡地，南面紧邻城市道路——洪山路，总用地规模4.9万m²。

1. 城市空间分析与总体布局

连接洪山广场和东湖的洪山路与相接处的省政府建设用地西高东低的竖向基本一致，高差约为5m，坡度较为明显。除南面正对的21层省教育厅办公大楼为高层建筑外，沿街建筑以4~6层的多层建筑为主，呈较高密度围合的城市界面，城市空间较为局促，缺乏层次。省政府办公楼总体规模适中，功能并不复杂，建设用地相较于其建筑规模而言比较宽裕，因此总平面布局具有一定的方案比选余地，可大致分为以下三类：

一是将建筑置于用地最宽处的临街位置，其优点是对外联系方便，内部庭院面积大且不受外部干扰；

二是将建筑置于用地中心，其特点是建筑与基地四边距离适中；

三是将办公楼尽量后退布置，留出与城市道路相连接的较大用地，形成开敞面，优化城市节点空间。

经过综合比较，我们认为第三类总体布局优势明显。在设计方向得到确定后，结合建筑功能分区，研究和推敲平面形态与用地的关系显得顺理成章，"编钟"形的总平面能更好地契合不规则梯形用地。

鉴于周边较为密集且又略显零乱的建筑群体，在设计中运用规整、横向舒展的建筑体量进行整合、优化、统领所处的城市节点，并为城市中心创造了富有层次和特色的开敞性

公共空间。建筑尽量后退布局，为原地保留基地内全部的高大雪松和香樟创造了条件。同时，设计中十分注重保持原有的地形、地貌特征，强调办公楼与城市界面的顺畅连接与过渡，仅在建筑主入口局部进行人工环境处理，形成几何规整式绿地，其他周边区域尽量保持自然坡地与原生树木相结合的宜人景观。

2. 适度技术，本质设计

资源匮乏、能源紧张愈来愈深刻地影响着我国的经济发展、城市建设和日常生活。城市建筑所占资源和能源的比重十分惊人，由于建筑节能意识的薄弱甚至偏差，我国目前的建筑能耗成倍于气候条件相近的发达国家。根据发达国家的经验，随着城市发展和产业结构的调整，建筑业将超越工业、交通业等其他行业而最终位居社会能源消耗的首位，达到30%~40%。我国人口众多，在满足社会发展和人民生活水平不断提高的前提下，仍应遵循经济、适用、安全、美观的建筑设计原则。政府办公建筑更应严格控制建筑的规模与标准，倡导紧凑、实用、高效的办公空间和传统生态技术的创新性改良运用，并严格控制建筑造价，大幅度降低建筑日常使用能耗，强化建筑的本质，实现城市建筑的可持续性发展。

湖北省武汉市属于典型的夏热冬冷地区，四季分明，全年潮湿。在省政府办公楼设计中，针对地区经济发展水平和地域气候特点，科学合理地确定建筑标准和设计方向，采取合理、适度的技术措施，积极运用自然的、可再生的清洁能源。注重建筑节能降耗，降低造价和日常运行成本，在保护环境的同时对提供适用、健康的办公环境方面进行了一定的探索：

（1）采用尽量规整、简约的平面布局形式，创造高效实用的办公空间；

（2）南偏东的朝向结合金属大屋盖遮阳，有效减小建筑夏季日晒，减小空调负荷，同时可充分利用冬季太阳辐射热，节约采暖所需能源；

（3）合理设计建筑进深，适度减小北房进深，最大限度地利用自然采光，以减少人工照明；

（4）合理控制建筑的体形系数与窗墙比，注重建筑保温与隔热并举，遮阳与自然通风以及建筑空调供暖通风等相互之间的智能配合，以达到最佳使用效率；

（5）结合春、夏、秋季主导风向，合理组织建筑平面，适度创新门窗节点构造，精心组织自然通风和排风，减小机械通风能耗；

（6）因地制宜，注重对地方建筑材料和廉价材料的适度创新运用，"粗粮细作"，创造低造价可持续建筑范例。

3. 建筑地域性的现代表达

建筑造型应是内部功能的逻辑反映，在与城市环境对话的同时也应对地域文脉进行恰当的创作表达，湖北省人民政府办公楼采用横向舒展造型与出挑深远的金属大屋盖相结合，韵律洞窗、虚实对比、同材异构、异材同构及简约抽象的线条和外饰的组合穿插运用，突出了政府现代办公楼建筑庄重朴实、大气内敛、平实耐看的建筑风格，并力求对"楚风汉韵"进行现代表达。

湖北省政府办公大楼正面实景

湖北省政府办公大楼入口广场

作者：桂学文 | 发表于《建筑学报》2008年06期，有修改

简约建筑，理性空间
——武汉保利文化广场

Terse Architecture, Rational Space:
Wuhan Poly Cultural Plaza

1. 整体规划

武汉保利文化广场地处湖北省行政商务中心，洪山广场西南侧，中南路和广南路的交汇处，是武汉市内环线上最重要的节点之一。地下4层，地上46层。地下1层至地上8层分别为商业、餐饮、文化展示，地上9层至46层均为5A级写字楼。

洪山广场为294m×170m，是武汉最知名的城市核心广场，周边道路呈星形放射状，其主干道中南路（下穿洪山广场）也是城市的南北中轴线。洪山广场周边建筑均沿相应道路布置，空间格局较为零乱，建筑尺度相差较大。保利文化广场的总体布局在与环境协调的基础上，较好地承担了缝补城市空间、整合并统领城市空间节点的作用。

规划用地呈不规则梯形，因总体规模较大，用地面积偏小，所以建筑形态及布局要求较高。建筑采用简洁的方形平面，于用地中间布置，西北侧配楼适当向外延展成近似较小方形，与地形相吻合。主楼共46层，平面呈矩形，长向沿中南路布局，强化并界定城市中轴线；配楼临广南路、民主路布置，在空中与主楼连成整体，构成巨大的"门形"结构。"巨门"正对城市的核心——洪山广场，巨门之内为气势恢宏的开放式公共空间——"城市大客厅"。城市大客厅北面及屋面均由全视野高透玻璃构成，形成晶莹通透、阳光充足、体形方整、尺度恢宏、标志性强的"城市综合性四季大厅"，是举行庆典、活动和大型盛会的理想场所，并设有可直接连接地铁站及洪山广场的地下通道。车行交通组织流线清晰、简洁、流畅、高效，与人行流线自然分离，并与城市交通连接。

建筑沿中南路与广南路尽量后退，留出较大空间作为步行人流室外活动空间。结合城市整体规划，于室外广场及地下一层设置与城市地铁及过街地道的连通口。规划用地南高北低，高差达到1.5m，建筑首层采取与南侧地坪相平（与保利大酒店一致）的竖向标高设计。东、北两侧采用室外广场与大台阶相结合的方式，合理分离人流，同时丰富了"城市大客厅"与洪山广场之间的视觉效果。

2. 大型综合性超高层建筑

武汉保利文化广场功能配置从上而下依次为顶层（高空）观景办公区、商务办公区（中、上部）、文化休闲区（文娱、报告厅、餐饮等）、精品商业、展示（下部）和车库、设备服务用房（地下层），形成了资源共享、业态多元、层次丰富、形态多样的商业空间，构成了大规模、大体量、综合性高及设备系统复杂的大型综合性超高层建筑。

3. 科学合理的结构形式

武汉保利文化广场主楼高度210m，经过分析研究，确定采用经济规整的柱网（主楼8.5m×12.75m）与合适的结构体系（主楼采用钢管混凝土柱+钢桁架梁+钢筋混凝土筒体，大跨采用钢结构）。综合标准层不大（1784m²/层）、平面形状等因素考虑，将主楼筒体偏西进行设计，使朝向与景观（东湖、洪山）最优化。严格控制主楼框架柱尺寸，其底部为Ø1400mm，上部为Ø1100mm，较同类结构尺寸小，混合减震设计，增设非线性黏滞阻尼器。主配楼在16~21层之间运用45m×25.5m×20.7m的巨型钢构几何形体进行有机组合，构成巨型门字结构。通过采用钢桁架梁自承式楼板，充分利用桁架空间进行管线综合，有效增加室内净高，标准层层高为4m，完成后室内净高为2.8m。

4. 简约理性的建筑

建筑立面造型是内部功能和结构逻辑的反映。围绕巨形透明的"城市大客厅"有机组合为h形的门式钢构，极简又富于标志性。外立面采用统一标准化单元式玻璃幕墙，风格现代、简约，线条精美、清晰，整体感强。

5. 开放的"大客厅"

"巨门"之下为宏伟而透明的"城市大客厅"。"大客厅"寓意为敞开怀抱欢迎来访的市民与游客，强调广场文化中心的氛围，突出大都市活力与价值的象征，成为文化中心的特殊标志。8层通高的"大客厅"外幕墙采用了目前全国最大尺度（宽42.5m，高55.6m）的单层全柔索玻璃幕墙，张拉索钢绞线四向较均匀受力，以尽量减少钢绞线的尺度，最大化体现幕墙的通透感。其竖向钢绞线为Ø26mm，横向钢绞线为Ø38mm。玻璃幕墙采用17.52mm超白玻钢化玻璃，基本分格尺寸为：宽1214mm，高1450mm，并随层高调整变化。

6. 单元式玻璃幕墙

在综合分析周围良好的景观资源条件的基础上，二层以上均采用落地单元式玻璃幕墙，最大化实现写字楼空间的全景视野。

7. 绿色节能设计

针对超高层建筑普遍存在的高能耗缺点，结合项目功能和武汉地区气候、地理条件等综合因素，从节地、节能、节水、节材、保护环境等方面提出适宜的绿色建筑综合解决方案。

经科学计算和分析，建筑围护结构采用高效、绿色的保温材料。采用CFD技术，通过对"城市大客厅"室内热环境的模拟，科学合理地将保利文化广场"城市大客厅"设置成具有顶层可开启式百叶的中庭空间。运用自然通风、采光及遮阳技术，对巨形空间可持续生态节能策略进行有益探索。"城市大客厅"的CFD模拟及成果分析如下：

（1）"城市大客厅"位于高空连接体形成的"门形"框架体量之下，下部北边面向洪山广场，有效避免了夏季绝大部分日晒，在总体布局上符合武汉夏热冬冷地区的日照气候条件。

（2）通过计算机CFD模拟，在过渡季节通过烟囱效应，开启顶部通风百叶，形成自然通风、换气，改善室内热环境和空气环境；冬季关闭通风玻璃百叶，通过温室效应减少热量损失。

洪山广场方向实景

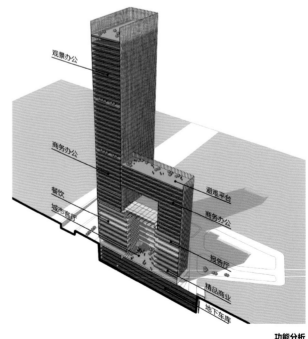

功能分析

夏季日间
遮阳板展开通风,流动水幕蒸发降温

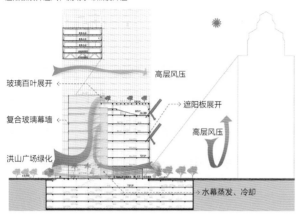

夏季夜间
遮阳板收拢,流动水幕蒸发降温

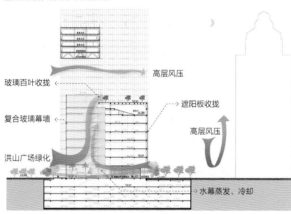

冬季日间
遮阳板部分收拢,温室效应保温

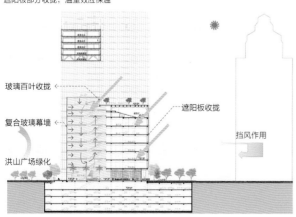

计算机CFD模拟(计算流体动力学)

（3）由热舒适性分区控制的空调系统完成"城市大客厅"室内整体的温控,可形成较为舒适的冷、热环境,达到较为明显的节能效果。

（4）"城市大客厅"的采光顶配合遮阳格栅,有效降低阳光的直射,光线适宜且使外立面极具标志性。

在单元式玻璃幕墙的节能设计中,采用了如下手法:

（1）采用向外突出玻璃表面450mm的竖向铝合金遮阳板,用来遮挡直射的阳光。

（2）灰色反射镀膜Low-E中空玻璃作为外围护透明玻璃幕墙,以较好的遮光系数保证良好的透光率。在确保获得最大程度的室内自然采光的基础上,尽量降低太阳热辐射,减少冬季热损耗。

（3）结合平面功能布局,立面玻璃幕墙采用大小、位置适宜的开启窗,尽量利用室内自然通风。

（4）立面采用断桥铝合金玻璃幕墙,以防止发生"冷桥"现象。

8. 其他

采用先进的电脑优化选层电梯系统（采用高低分区分组电脑选层电梯系统）、宽敞舒适的非标高大轿厢设计（1.6吨大载重量非标高大轿厢）,为主楼提供了舒适的垂直交通体验。

辅助设施与管网综合是维持正常建筑功能不可缺少的有机组成部分,通过选择先进适用的设备系统,精益求精的设备用房设计,力求极简大气的整体效果与精美的细节相结合。

武汉保利文化广场从方案设计到最终竣工历时近8年时间。在整个过程中,因市场原因历经反复调整,设计和建设团队通过不懈的努力,反复推敲、精心设计,较好地实现了标准定位高、性价比好、完成度高的建筑,使项目成为武汉城市核心区的标志与亮点。

作者:桂学文|《建筑技艺》2016年02期,有修改

军 博 本 色

The Genuine of the Military Museum
of the Chinese People's Revolution

"本色"原指未加涂染的原色，即古称青、黄、赤、白、黑五正色，后用来指事物的本质状态。明代一些戏曲理论家把本色的概念引入古典剧论，用来阐明艺术与生活的关系。把真切、质朴、自然的审美标准与戏曲模拟生活的特点结合起来，表示为艺术应当体现出现实生活的本质状态。同时对语言也有所要求，主张通俗易懂与文藻兼而用之，要求语言要恰当地反映现实事物的自然状态。能够看出，针对艺术创作而言，对"本色"的追求在实质上是一种对于具有平衡感的表达的追求。而建筑创作的过程是一个解决矛盾、创造生活的过程，更是一个把握变与不变的思辨过程。

在中国人民革命军事博物馆的改扩建设计中，具体体现为一种贯穿于整个设计乃至建造过程中的对于平衡性设计语言表达的设计态度和立场。这一设计语言不仅仅是表达建筑的本质和本体，更是追求在表达中达到一种平衡，是像诗歌一样以精炼的语言表达情感，是以少见多。从而使得在中国人民革命军事博物馆的改扩建设计中整体体现出一种内敛却又具有性格的设计主题；而这一主题表现在从对环境的处理到对细节处理的方方面面，并通过面对矛盾的态度和追求权衡的手法呈现出来。

· 人体尺度VS 纪念物尺度

博物馆建筑作为公共建筑，对公共性具有极高的要求，需要对人的活动与感受在人体尺度上进行最为细微的考虑。同时，其作为中国人民革命军事博物馆的特殊主题要求建筑在空间与形态上尽显庄严、宏伟。虽然中国人民革命军事博物馆的纪念性地位以及体量都极其庞大，但在城市环境中，其三面被包围，仅南向完全暴露在城市可见范围内（图1）。因此，在城市尺度上，除南立面提供了标志性的城市意象外，南广场成为人们使用和感受建筑的最直接途径，也是纪念性尺度与人体尺度矛盾体现最为突出的空间。与贝聿铭的卢浮宫改造相类似，地下广场（远期规划）和庭院的设置成为化解这一矛盾的手段。从而使得从较大的尺度观察，南广

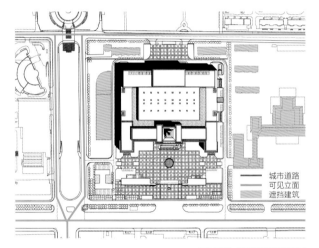

城市道路
可见立面
遮挡建筑

图1 军博与周围建筑及道路关系

图2 中央大厅与环廊空间

图3 东西环廊台阶侧墙栏板方案比选

场体现出极强的纪念性，身处其中则能够感受到近人尺度。

这种两种尺度空间并行的方式同样出现在内部空间的设计中。中央大厅四层通高的巨大尺度不仅满足了展陈的要求，同时体现出极强的纪念性。而四周环绕的环廊则呈现出单层、两层、三层通高等不同尺度的空间形态，但又在视线上通过柱廊与中央大厅相连，从而呈现出更具层次的空间，体现出尺度上的复杂与矛盾性（图2）。而在细节处理上，除大量设计人体尺度的座椅、休息空间外，在台阶侧墙栏板这样的细节上也体现出对人体尺度体验的关怀。大台阶侧墙栏板分级与台阶坡度一致，且自动扶梯侧不设置石材栏板，使得空间更加通透，参观者的体验感更强（图3）。

· 历史价值VS 现代特征

中国人民革命军事博物馆位于长安街上，是向国庆十周年献礼的首都十大建筑之一，现为国家级重点文化设施和标志性文化建筑。特别是其南立面，已经成为长安街上人们标识性的城市记忆，具有了较高的历史价值。但整体建筑建设于1959 年，距今已半个多世纪，不仅面临着结构老化、面积不足等问题。同时，基于当时社会、经济、政治情况而选择的建筑形式、建筑空间组织方式已经不符合以及不能够满足当前展陈的需求。因此，面对如此突出的矛盾，如何通过设计语言去平衡原有建筑历史价值以及当代改扩建对现代特征的需求成为这一设计的关键，也是最能够体现以平衡感的达成作为主要表现的本色设计的方面。这一设计策略体现在整体平面、立面到室内细节的方方面面以及整个工程从招投标到建成的所有阶段。

具体而言，加建部分延续了原有平面的整体对称布局，功能布置上也与原建筑保持协调一致。然而，在具体空间体验的营造上，通过柱网布置的逐渐变化，使得扩建部分展厅呈现出显著不同于原有展厅空间的大跨度中柱形式（图4）。

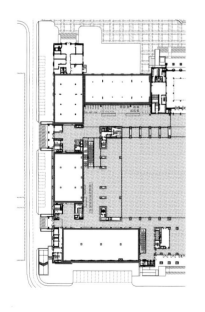
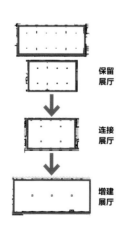
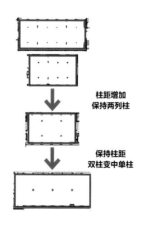

图4 柱网的逐步变化

这种协调与对比并存的新旧空间的处理，同时通过室内装修材质的选择得到加强（图5）。从而在室内营造出不同的空间的体验，在延续原有建筑空间历史印记的同时，巧妙而含蓄地表达了扩建的不同与特色。

这一特征同样体现在立面整体到细部的处理上。扩建建筑外立面从比例尺度、模数关系、材料运用、细部构造等方面遵循原有建筑的风格特色，但同时通过具体处理方式上移动、缩放、错位等方式与原有建筑相区分（图6）。

在细节的处理上，石材分缝的优化设计、陶板檐口优化设计以及立面蘑菇石的使用，都再次强化了外部立面的延续性和对比。外立面石材在最初方案考虑与老楼一致的500mm×1000mm 的分缝尺寸基础上，在幕墙深化阶段增大了石材尺寸，从而增强了新旧对比。主要考虑石材高度与老楼真石漆墙面分缝的对位关系，将石材长度由1000mm增加到1500mm，并增加500mm×500mm 的小块（控制小块占墙面的密度在5%之内），重新调整立面设计并实施（图7）。

而外立面檐口原方案采用具有中国特色的回纹形式，在经过现场挂样讨论后，甲方提出希望扩建建筑檐口形式更具军事特征，并与老楼琉璃瓦檐口更协调一致的意见。通过

图5 老新展厅室内对比

北（扩建部分）立面图

南（保留部分）立面图

图6 新老立面关系图

原方案

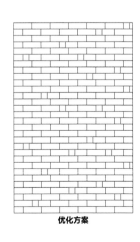

优化方案

外立面实景

图7 外立面石材分缝优化设计

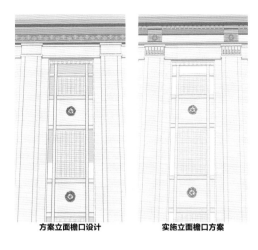

| 方案立面檐口设计 | 实施立面檐口方案 | 外立面开窗单元施工现场照片 | 檐口铜饰照片 |

图8 陶板檐口优化设计

老楼立面蘑菇石

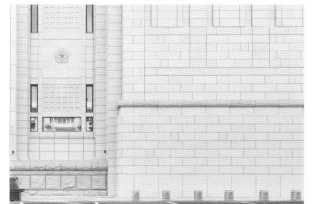

扩建建筑立面基座实景

图9 立面蘑菇石设计

反复推敲檐口的比例尺度，采用具有军事特征元素的五星铜饰、柱头花饰以及简洁、平整的出挑设计，形成既具军事特征，又有现代感的檐口（图8）。在立面材料的选择上，老楼立面蘑菇石材质厚重、雕塑感强、品质好，因此在新立面中，尽量保留东西侧的石雕等建筑部品，和新蘑菇石一起融入到扩建建筑立面基座及底部腰线处，使扩建建筑立面具有历史的印记（图9），使得扩建建筑的墙面既与老楼墙面协调，又不机械单调，且简约大气、整体均衡、规律中显变化、具有时代感和特征性。从而使新馆立面以一种谦逊、积极的态度保持和老馆的和谐统一，同时呈现出时代特征和创新精神。

而这些细部优化设计的产生则体现出在整体设计过程中对于建筑本色呈现的追求。即在设计语汇中寻求本色语言与文辞表达中的平衡，表现为寻求建筑本质空间表达与各方制约要素间的一种平衡。使得整体建筑设计一方面并不执着追求较为纯粹、单一化的建筑原型，从而并不会强烈地表现出具有强烈表达性的建筑师个人的印记；另一方面，也并不完全顺应场所环境，从而因地制宜进行反馈式的设计，并不会完全隐藏设计师对于空间操作与表达的痕迹。从而呈现出全方位，从整体到细节的，从开始设计到建筑完成整个过程的平衡状态。

作者：汪原 | 华中科技大学建筑与城市规划学院教授

理 智 与 激 情

Passion and Reason

初次见到桂总，给我留下深刻印象的是他灰色外套里面那件黄色衬衫，在灰冷的办公空间里，把这个人到中年的男人映衬得光彩夺目，充满活力。话匣子一开，他抑扬顿挫，滔滔不绝起来，时而满怀激情地畅谈创作，时而冷静理智地分析，他的主张富有激情而不激进，理性且富理想，短短的一席话，很快让旁听者清晰地感受到——这是怎样的一个人。没错，他理智，他激情，他有着三十多年的建筑人生，他作品丰富，风格多样。接下来，跟我一道去欣赏吧。

驾车从天安门沿长安街西行十多分钟，就到了此次要改、扩建的中国人民革命军事博物馆，半个世纪的风霜雪雨，并未褪去这座高大苏式建筑的巍峨。接手这个项目，作为主创的桂学文倍感压力，深知这不仅是他人眼里的一个荣誉，同时也是一个关系到国家历史传承的大命题，当然要做的也不仅仅是个绝妙的设计。为完成这次任务，大大小小的方案讨论会不知道开了多少次，反正是拿出了十足的气力，投入了全部的身心，最终改扩建总体方案破壳而出——一座遵从于历史，承载着明天的新时期文教建筑也随之呼啸而来。的确，设计师的这次理性选择，于国情、于感情都应该是冥冥之中的注定。

历经半个世纪的世人评说，军事博物馆大楼称得上是久经考验的经典，所以对它的一切经典基因谁也不能无视，桂总的新方案也无一遗漏地将其收入囊中：开阔、平直、对称，还有不可缺少的方正。出于对历史和民众的尊重，设计者在保存历史记忆的完整性上做了大量的功课，前面的新楼设计得很"苏式"，左右对称，中间高两边低，平稳规矩，压低楼体，静静地托举着老展馆高昂的身姿。传承经典、锐意创新，意在让博物馆的历史感与时代感在这里和谐对话。

特别是军事科技馆和艺术馆，因为是专门为广大青少年军事爱好者而增建，针对该群体特点，空间设计极具激情，从举架做法、展台尺度、到天花板材质样式，桂总都一丝不苟地做了详细规划，期望真正激活当代年轻人的参与意识和求知欲望。可以想象，未来的北京将为全世界再添一处精彩的人文盛景。

华裔建筑师贝聿铭设计过一座闻名世界的水晶金字塔，玻璃材质，堪称现代主义大师的神来之笔，它泰然伫立于法国历史最悠久的王宫——卢浮宫广场上，一庄一谐，带来的强烈反差曾招致不少激烈言辞。同是老博物馆的改扩建，看来每个建筑师对新旧建筑的关系都有着自己独特的理解，如果说贝聿铭的选择完全是叛逆、激情，那桂学文的处理则是理智、中庸。激情也好，理智也罢，最终带给我们观者的都是同样的肉体和精神的双重享受，艺术的魅力即源于此，不是吗？

中国银行大厦和设计大师贝聿铭有着不解之缘，武汉的中银大厦桂学文是主创；就这样，两位设计师又一次神奇地邂逅了。五大国有银行中中国银行最具国际视野，其所建的一系列办公建筑也都秉持了国际化理念，一脉相承、气度不凡。其中，尤以贝聿铭设计的香港和北京两地的中银大厦最为著名。这两作品里，钢材、混凝土、玻璃素材像被大师施了法术似的，焕发出神奇的魔力，交相辉映、熠熠生辉，这些冰冷坚硬的工业文明产物也少有地被人当作柔美的音乐来聆听。

前辈高高竖起的丰碑看似不可逾越，但可以借鉴、继承、再创造，这是后来者的优势所在。基于中行文化连续性的考量，桂学文把前人留下的丰富的设计素材作为构思入口着力切入，进而揭开了整个设计迷局。如今，武汉中银大厦建筑设计已经顺利完成。

武汉中国银行大厦

中银大厦主体被分成一高一矮两座点式高层，沿用了以往惯用的经典米黄色大理石包裹楼身，线形钢质材料均匀分布其上，直上直下，毫无横向细部阻隔，与底部高挑的廊柱上下呼应，把本已百余米高的楼身衬托得更加挺拔，大师的手笔初露端倪。两高层主体连接部分的设计是桂总的传神之笔，桂总舍弃了惯用的狭长连廊，而是把这个地方也做成了与左右一致的中庭，使整个建筑的底部被完全打通，生成了一个可容纳几百人的超大共享空间。携贝聿铭大师的神韵，设计师设计了四十余个同等大小的玻璃金字塔，聚合成裙楼的楼顶，内外部光线可以在不同角度自由进出，白天即便不开灯，大厅仍可正常使用；夜里，玻璃顶内的光线交织而出，折射出另一番奇异的景象；中行一贯独有的王者之风就这样在武汉被奇迹般地再现了出来。风雨百年——在这里，在香港、北京，中行犹如一条巨龙，被这3座中银大厦高高地托起，尽情地舞动。

激情是艺术家创作的唯一内核，包括建筑师在内的艺术家的每一部成功之作，都是激情迸发的产物。如果说前面介绍的两部作品中，桂总把这种情感深藏在了理性外衣之下，有所保留；那么，下面的设计一定会让你惊讶于另一个激情四射的他。

历时三年完成的武汉天河机场第三航站楼设计，桂总创作得非常写意，在设计中通过屋顶动态的像素化表达，饰以形似凤凰飞翔的肌理，充分展现了楚文化中"有凤来仪，群贤毕至"的欢聚场景。天窗光线若隐若现，似银河倾泻、星光璀璨。

2006年10月，中南院接手了武汉保利文化广场项目，为了展示武汉人民的热情好客，桂总将大楼外形设计成了巨型大门的造型，内部植入了动感、灵活的一站式体验型商业空间，让建筑由内而外释放热力。

艺术与科学是激情与理性两种不同思维方式的产物，建筑艺术汇集两种思维模式于一体，能做出好建筑的设计师亦然。一次次适可而止地"收"，一次次激情澎湃地"放"，桂学文为自己和自己的建筑在茫然无序的城市空间中寻得了方位，并就地扎下了根，结出了累累硕果。眼中看到的虽然多是无奈，内心却告诉我，耐心寻找，这样执着的设计者大有人在，所以城市会有美好的将来，所以一切值得努力。

作者：林涛｜《建筑设计管理》2014年第6期，有修改

设 计 作 品
Design Works

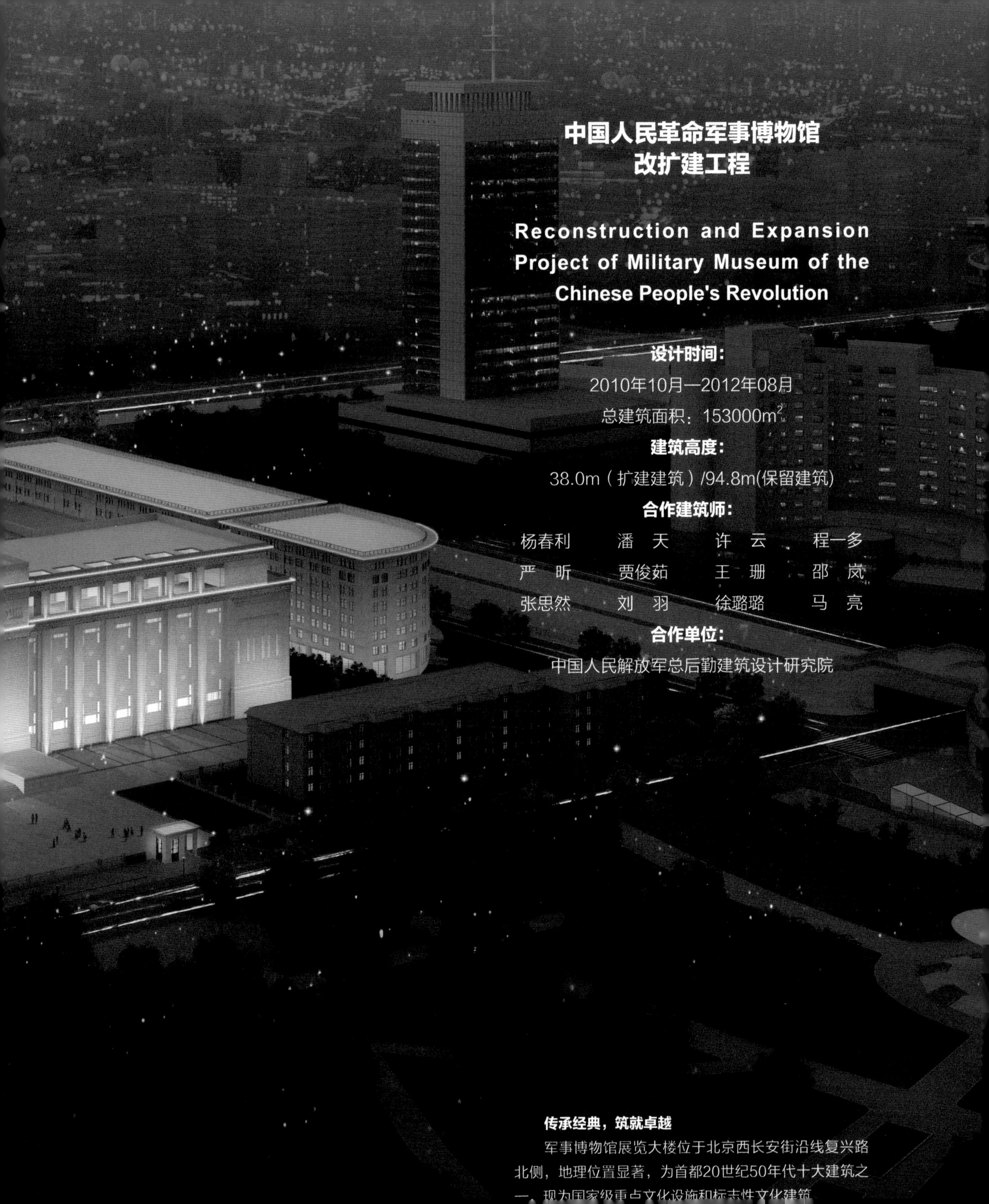

中国人民革命军事博物馆
改扩建工程

Reconstruction and Expansion Project of Military Museum of the Chinese People's Revolution

设计时间：

2010年10月—2012年08月

总建筑面积：153000m²

建筑高度：

38.0m（扩建建筑）/94.8m(保留建筑)

合作建筑师：

杨春利	潘 天	许 云	程一多
严 昕	贾俊茹	王 珊	邵 岚
张思然	刘 羽	徐璐璐	马 亮

合作单位：

中国人民解放军总后勤建筑设计研究院

传承经典，筑就卓越

军事博物馆展览大楼位于北京西长安街沿线复兴路
北侧，地理位置显著，为首都20世纪50年代十大建筑之
一，现为国家级重点文化设施和标志性文化建筑

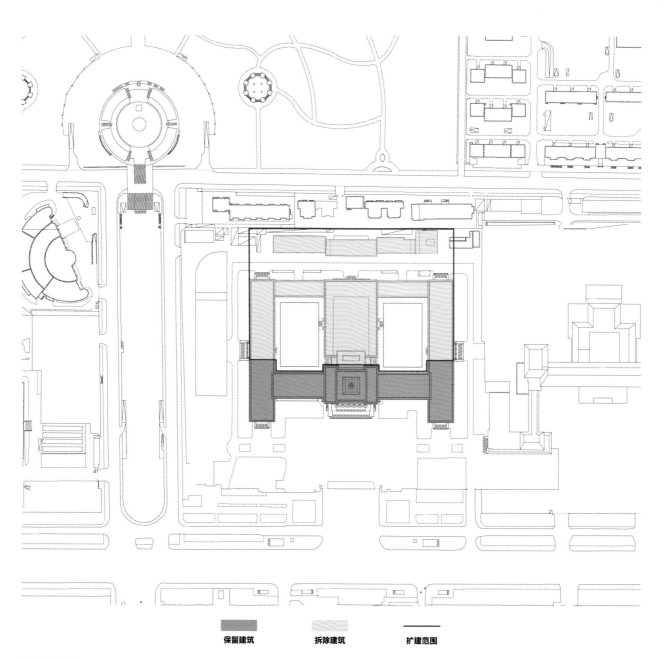

保留建筑   拆除建筑   扩建范围

改扩建范围示意

南向沿街透视

东北向鸟瞰

西北向透视

中国人民革命军事博物馆（以下简称"军博"）是建国初期的北京十大建筑之一，其经典的立面造型、高耸的金色五角星、纯净的汉白玉主席像、精美的宫灯与纹饰、宽大的楼梯、特色的展陈……承载了几代国人的深刻记忆。因当时建设标准偏低，且经过50多个寒暑岁月的洗礼，无论在空间规模、结构抗震，还是设施设备、消防安全等诸多方面，均已无法满足当今的需求，迫切需要进行改扩建。本次改扩建工程用地面积约9.7929公顷，改扩建后总建筑面积约为15.3万m²，其中改造建筑面积为3.3万m²，扩建建筑面积约为12万m²。扩建建筑地上4层、地下2层，高度为38.25m。

因地制宜，系统规划

军博位于北京市长安街复兴路上，在充分论证的基础上，明确了本次改扩建保留老馆的南侧大楼及两侧展厅所在部分。场地在东、西、北三边对外基本没有开敞的城市界面和足够尺度的集散出入口，用地局限较大。

设计以新老融合（结合）的核心原则，以集中布局、拓展地下的方式来充分、高效地利用有限的空间资源；以规整对位，一次规划的方式来提升新老建筑的整体性、完整性、标志性；以近、远期结合，高效组织的方式来引导和区分人、车、内、外流线，满足观展、科研、办公和收藏等不同功能的交通需求和独立体验。

感性建筑，理性设计

军博的改扩建中，包含有大量超高、超大、超大载重需求的特殊展陈空间，以及超大、超重型展品的运输、布展、收藏需求。面对特殊的展、藏需求，在条件有限的情况下，既需要系统性地规划、针对性地设计，也需要以超前的眼光，适当预留未来的可变弹性。同时，军博作为国家级重点文化设施和标志性文化建筑，改扩建时既要尽

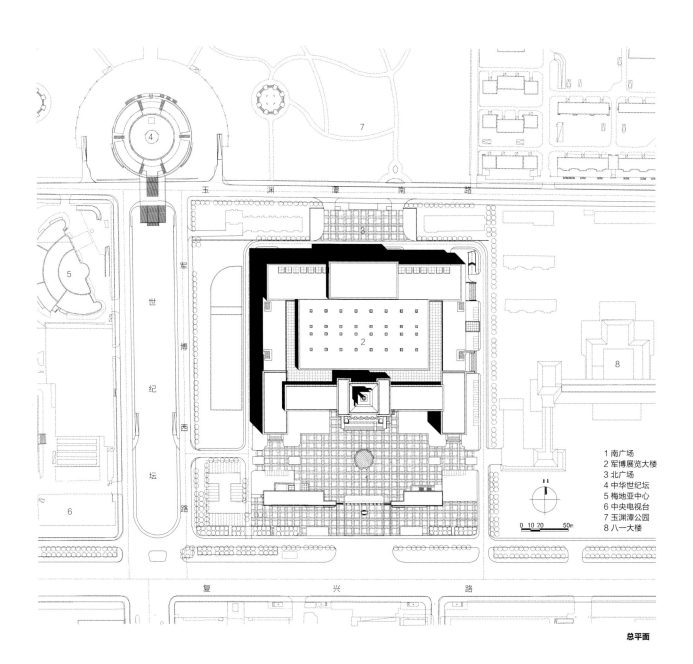

1 南广场
2 军博展览大楼
3 北广场
4 中华世纪坛
5 梅地亚中心
6 中央电视台
7 玉渊潭公园
8 八一大楼

0 10 20   50m

总平面

南广场实景

量保留、保护好老军博的历史价值，又需将被保留、保护的老馆与扩建的新馆有机结合，处理好新、老建筑的关系。

1. 规整有序的观展流线，层次分明的流动空间

面对军博受限的场地条件和保留老馆较为密集的柱网结构，改扩建设计对外延续原先的南入口广场作为观展人流的主要集散出入口，同时规划北入口、北门厅作为辅助出入口；对内打造"十字主轴+环绕放射"的观展流线，以中央兵器大厅为核心空间，结合"U"形通高采光环廊，强化中轴线，运用光线引导，营造高低错落、步移景异、收放有度的空间层次，令游客在光影变化中体验动静相宜的博物馆空间。

2. 宏大开敞的展陈空间，动静相宜的观展体验

为满足军博超高、超大、超重的海、陆、空军武器、装备展示的特殊需求，结合系统规划的观展流线与空间结构，将建筑和展陈的核心空间——中央兵器大厅设置为128 m×64 m×27.5m的巨型空间，气势恢宏、中轴对称，在其中立体布置海、陆、空军大型兵器展品。环绕的高侧采光窗、顶部均匀分散内置导光腔的采光藻井，为这个恢宏的空间增添了生动的光影变化，也有效地降低了人工照明的能源消耗。

四周以开合有序的高大列柱构建透光环廊，并与整体实墙相结合，营造虚实对比的空间感受。中央兵器大厅南侧与老馆之间设置宽度10～17m的三层通高环廊，自然透光，是观众休憩交流的公共场所，东西两侧沿柱廊设置宽12m的二层展陈平台，并设计8m宽的环廊与老馆相接，将中央兵器大厅、环廊、老馆融为一体。这些二层、三层的廊道、平台，在增加布展空间的同时，也为观赏中央兵器大厅中的展品提供了不同距离、尺度下的立体观展视角。

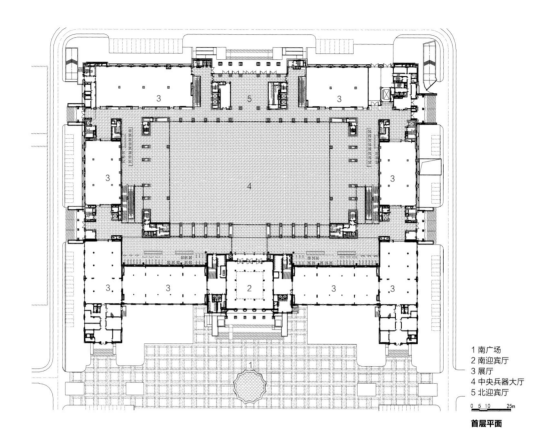

1 南广场
2 南迎宾厅
3 展厅
4 中央兵器大厅
5 北迎宾厅

0 5 10   25m

首层平面

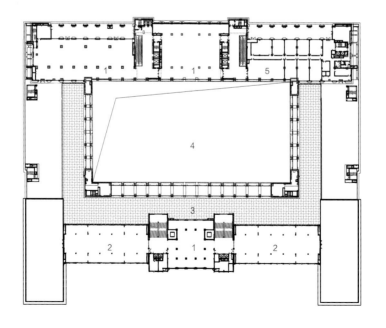

1 服务区
2 展厅
3 环廊采光顶
4 中央兵器大厅
5 办公

0 5 10   25m

四层平面

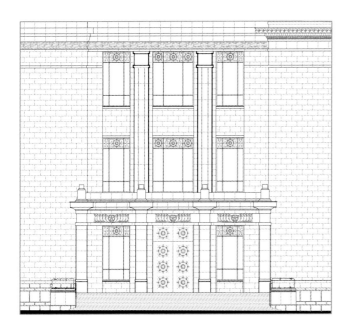

新老楼交接处檐口

地下一层的兵器大厅以朴实庄重、连续有韵律的清水混凝土梁、柱、墙作为展陈背景，现代、简约、纯净，空间中轴对称，规整大气，设施管线在精心组织下做到了全隐蔽设计。

3. 一体相承的扩建改造，微创无痕的原真保留

在新、老建筑间适宜地运用延续、创新和过渡的设计策略，打造新、老馆之间在差异化和一体化、历史性和当代性上的统一协调，令改扩建后的军博以一种谦逊而积极的态度，在精神上承续历史，在形态上面向未来。

在保留和保护的老馆中，妥善采用微创、无痕式的加固改造措施，完善设施设备、消防安全等现代需求。在空间形式不变的前提下，最小、最少化增加的结构构件。装饰基本不变，完整保留了原先的南迎宾厅主席像、五楼中式多功能厅中式藻井及宫灯纹饰、大楼梯、电梯厅、自然采光窗、水磨石地面等。原真性地实现原装饰下的现代功能，在多功能厅的侧墙开设外送空调风口，以中式花格栅装饰，形成一体化效果。积极挖掘原本消极空间的潜力，将六层结构转换楼层用作特殊展陈，将大楼梯下的空间用作VIP休息室等，提升空间品质和利用率。

通过一次规划，近远结合，令新与老、开放与封闭、静止与运动、集中与分散的二元关系在宏大、流动的空间叙事中对立统一，共同呈现流线清晰、空间丰富、主体突出、层次分明、自由灵活、绿色生态的观展体验。

以人为本，精耕细作

博物馆建筑的设计中，既需要对宏大空间的精准把握，也需要结合人体尺度、观赏舒适性等要求，以人为本，精耕细作。

1. 展、藏空间的流动光影与适宜技术

作为整个建筑的核心展陈空间，尤其是针对超大型兵器展的巨型空间，中央兵器大厅采用了三重采光措施（环绕设置的智能可调节气动高侧窗、顶棚内置导光腔的现代简约采光藻井，以及适当补充的人工照明）来满足巨型空间的观展照明需要（展品重点局部照明），为这个恢宏的空间增添了生动的光影变化。四周的"U"形通高环廊顶部为低辐射Low-E中空夹胶玻璃屋面，规整有序的

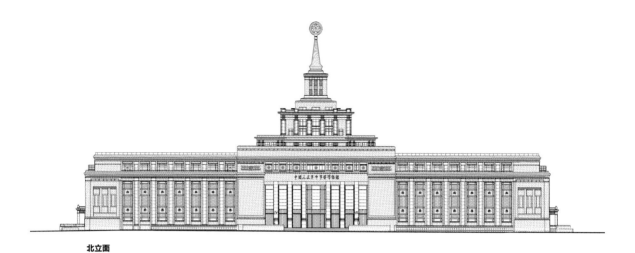

北立面

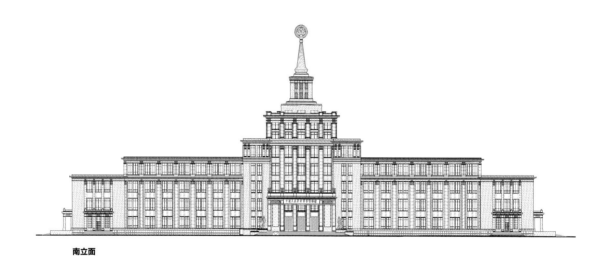

南立面

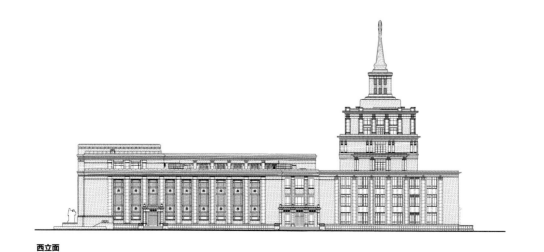

西立面

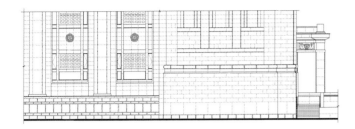

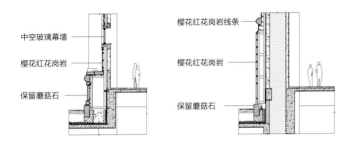

中空玻璃幕墙

樱花红花岗岩

保留蘑菇石

樱花红花岗岩线条

樱花红花岗岩

保留蘑菇石

老楼基座蘑菇石再利用

外露钢构随着时光的流转投影到环廊的墙、柱上，演绎成自然的乐章，切实改善室内光环境，有效降低建筑能耗。

展厅中，通过设置温湿度分控空调系统和组合式热回收独立新风系统，可以有效改善室内风环境，地下二层的藏品库则采用恒温恒湿、带冷凝热回收空调系统确保藏品环境的适宜、稳定。在过渡季节，通过智能化系统可适时控制中央兵器大厅的气动高侧通风窗与陈列厅的窄缝窗，在不影响展品的前提下，实现室内空间的自然通风，改善微气候。

为满足馆藏和展陈变化的需要，专门规划设计有超大、超高、超重展品的水平和垂直运输通道，其中有提升了标准等级、转弯半径的场地道路，定位了卸货及临时存放的室外场地，也有专用的大型藏品吊装提升井道，8.0m×5.6m，60吨载重量的大型升降平台，并结合内部布展流线，留出了后期更换、调整、运输大型藏品的专用通道，在其中采用了特殊耐压、耐磨的地面做法，及可临时性加强保护的措施。在有限的条件下，尽可能为未来的发展变化做足准备。

2. 新、老建筑的顺畅过渡与整体和谐

在新、老建筑间，以规整的对位、延续的轴线构建形式上的一致性，通过立面上的局部小内凹和入口门廊顺畅地完成新老建筑间的过渡，整体横向五段式、立面三段式的构型整体、统一、和谐。在比例尺度、模数关系、材料运用、细部构造等方面遵循原有建筑的风格特色，又通过体量、尺度的变化和新技术、新构造的应用构建新旧建筑的差异对比，如中央兵器大厅顶部简洁的"藻井"便是传统意向的现代化用，北入口玻璃幕墙和室内展厅大门上的铜质雕花则是对老馆铜门装饰的呼应和致敬。

传承经典，筑就卓越

中国人民革命军事博物馆，伴随新中国已经走过半个多世纪，其自身已从承载中国军事历史的"容器"成为人民记忆中的历史经典，在时光的流转中凝练厚重，持续发出来自历史深处的回响。本次改扩建工程的设计，也正是本着谦逊而积极的态度，在精神上承续历史，在形态、功能和体验上面向未来，筑就新的卓越。

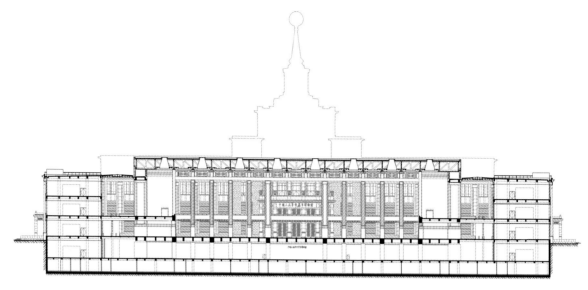

横剖面

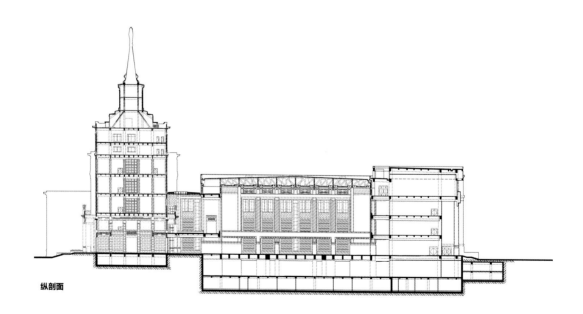

纵剖面

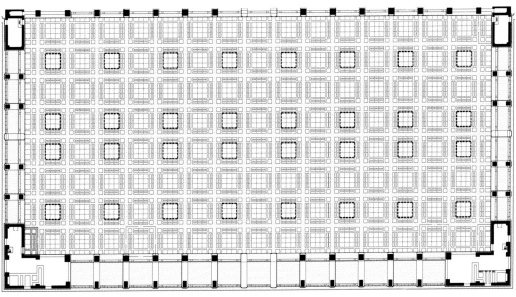

扩建中央兵器大厅天花平面

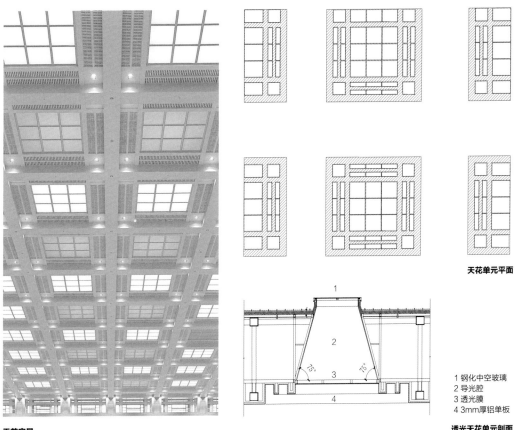

天花实景

天花单元平面

1 钢化中空玻璃
2 导光腔
3 透光膜
4 3mm厚铝单板

透光天花单元剖面

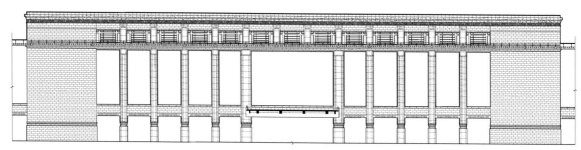

中央兵器大厅室内北立面（老馆方向）

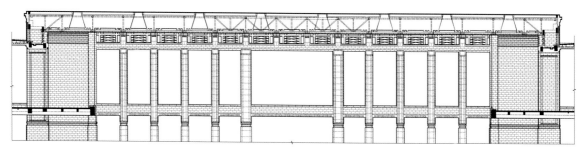

中央兵器大厅室内南立面

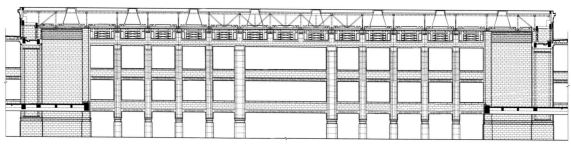

中央兵器大厅室内东立面

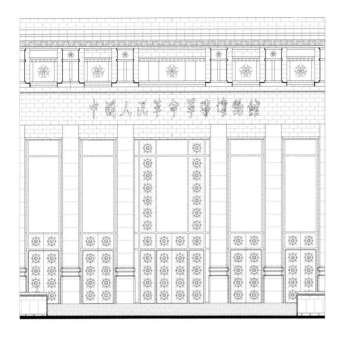

北立面石材及铜门

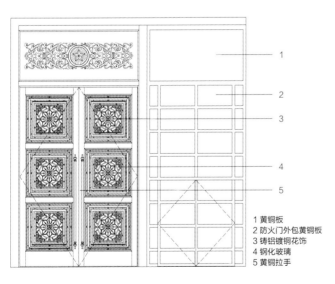

1 黄铜板
2 防火门外包黄铜板
3 铸铝镀铜花饰
4 钢化玻璃
5 黄铜拉手

扩建展厅铜门

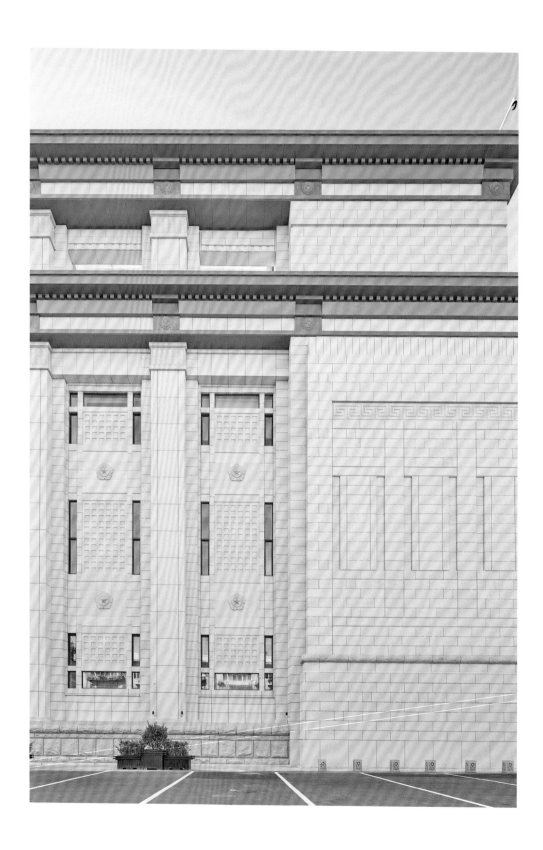

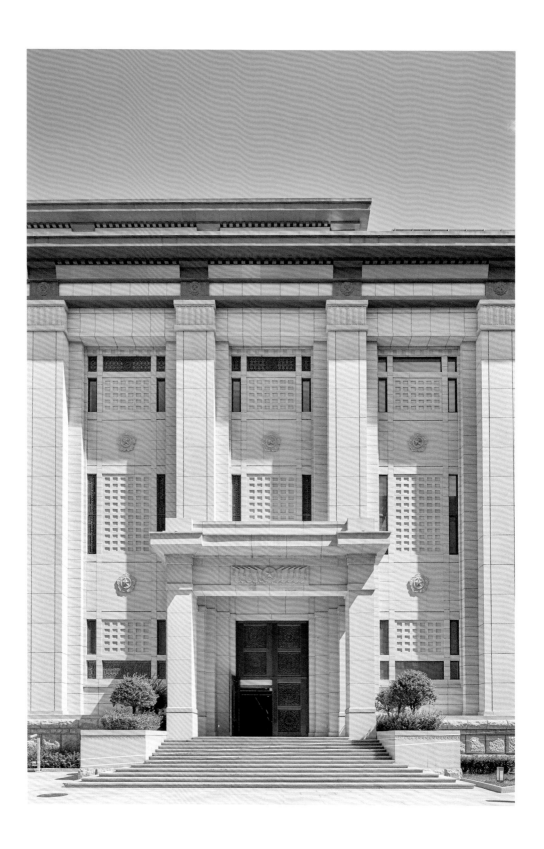

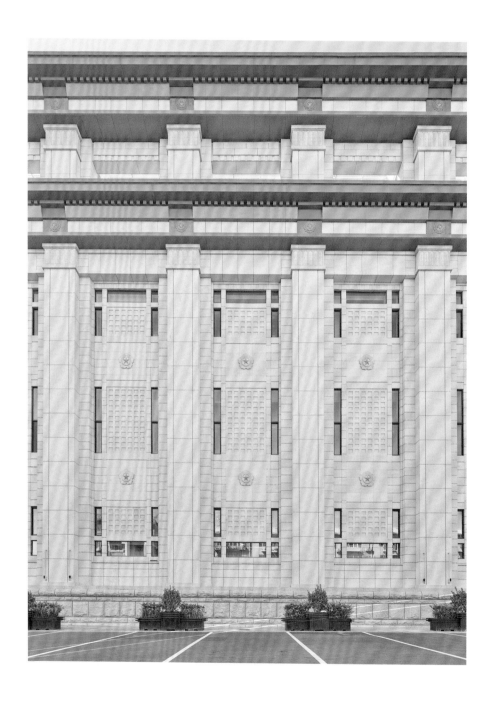

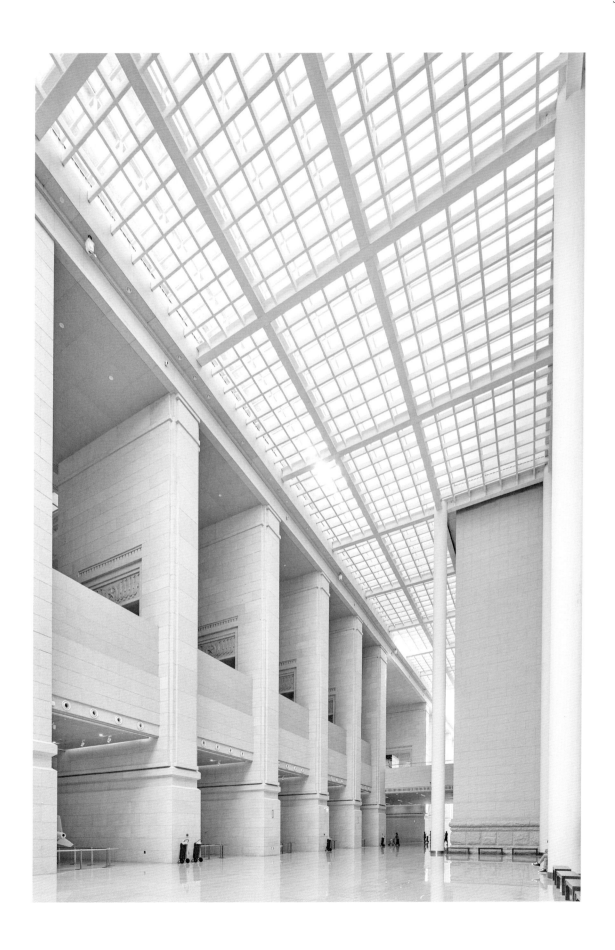

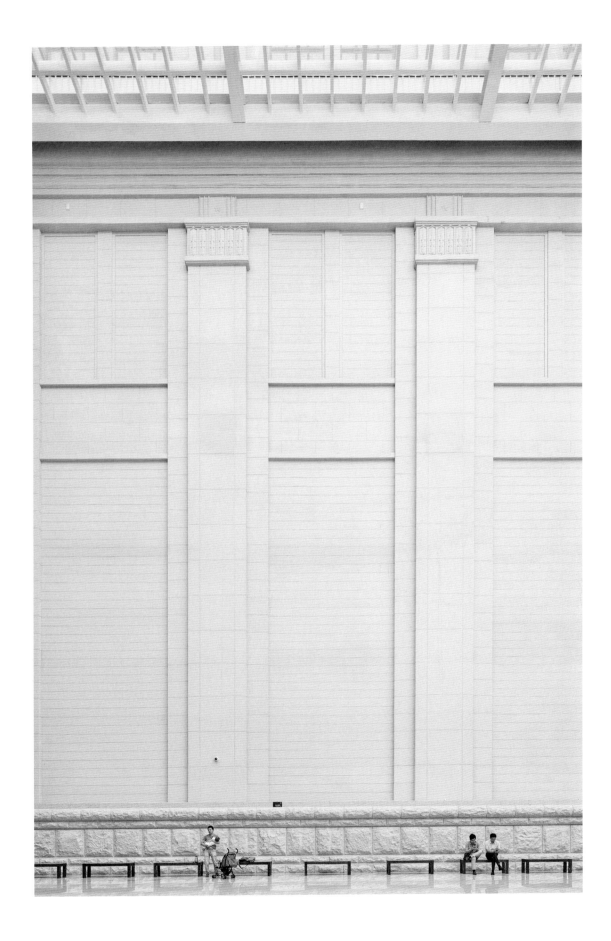

84

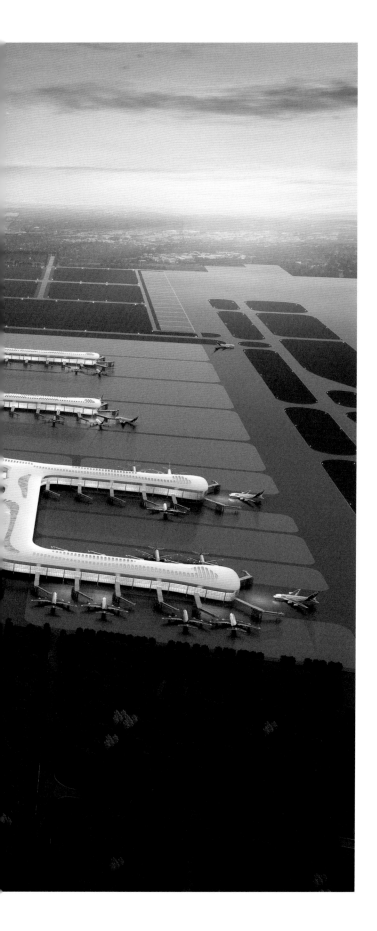

武汉天河国际机场
T3航站楼

Wuhan Tianhe International
Airport T3 Terminal

设计时间：

2012年11月—2013年08月

总建筑面积：

494923m²

建筑高度：

41.1m

合作建筑师：

刘安平　　熊文超　　李　浩　　刘常明

侯利恩　　徐　萱　　王一鹏

合作单位：

中国民航机场建设集团公司规划设计总院

中信建筑设计研究总院有限公司

中铁第四勘察设计院集团有限公司

银河璀璨，凤舞九天

　　武汉天河国际机场位于武汉市黄陂区天河镇，距离武汉市区中心25 km地理位置优越，交通便利，自然风光秀美。机场三期扩建工程是湖北省、武汉市的重点工程，按2020年近期目标年旅客吞吐量3500万人/年，年货邮吞吐量45万t，年起飞架次40.4万架进行设计，其中T3航站楼总建筑面积为49.5万 m²。三期扩建工程用地较为紧张，因轨道交通、城际铁路、公路等多交通规划设计进入并穿越机场、航站楼地下且受其他较多不利因素制约，并需满足不停航施工，项目难度极大。

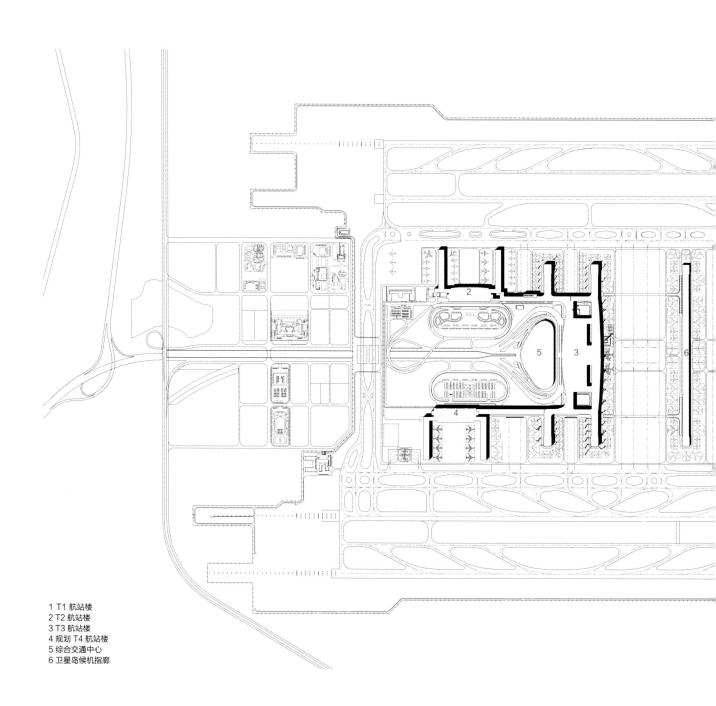

1 T1 航站楼
2 T2 航站楼
3 T3 航站楼
4 规划 T4 航站楼
5 综合交通中心
6 卫星岛候机指廊

总体规划设计

1. 现代大型航空港

武汉作为九省通衢的中部地区大都市，地理位置优越，经济、教育、交通资源十分优厚。武汉天河国际机场定位国内枢纽机场，辐射全省乃至华中地区。三期扩建工程规划设计本着以人为本、效率优先、综合性强、辐射范围广的现代大型航空港的理念，近远期结合，有机整合天河机场的资源条件，合理布置综合交通中心GTC（Ground Traffic Center），并有机连接T2航站楼，同时兼顾发展，采用可持续发展模式，科学预留未来发展空间。

2. 一体化综合交通枢纽

将综合交通中心GTC置于陆侧用地中心并尽量临近T3航站楼布局，合理规划交通体系，尤其是机场多种自循环交通系统（含捷运系统），令其有机整合成为融航空、城市轨道交通、城际铁路、公交、出租车、社会车辆等多种交通于一体的综合交通枢纽，方便旅客换乘，发挥一体化综合交通的优势。

3. 城市门户，现代地标

航站楼是城市的门户，是全方位展示的交通建筑，并具有全天候使用及建筑第五立面——屋顶——的动态观赏特点。武汉天河T3航站楼采用现代简约、整体流畅、舒展大气的流线造型，结合大型花园、庭院及大屋顶分散式采光天窗的运用，塑造"银河璀璨，凤舞九天"的良好体验感空间与现代地标形象建筑。

4. 花园机场，机场花园

结合优美的自然山水环境，规划层次丰富并富有特色的机场迎宾大道，突出四季及本土植物特色；运用几何与自然相融的手法烘托航站楼的优美环境，突出"在花园里生长"的航站楼理念；规划大型花园、庭院与T3航站楼相穿插、融合，形成具有现代地域特色、环境优美、相得益彰的花园机场。

建筑设计

1. 清晰、便捷的功能流程
（1）采用大集中、小分散的模式，有效减少旅客的步行距离

现代枢纽机场呈超大规模发展，功能复杂、空间宏大，导致旅客步行距离和行李输送距离增加，旅客在功能流程上需要花费更多的时间。与此相匹配，航班飞机计划

总平面

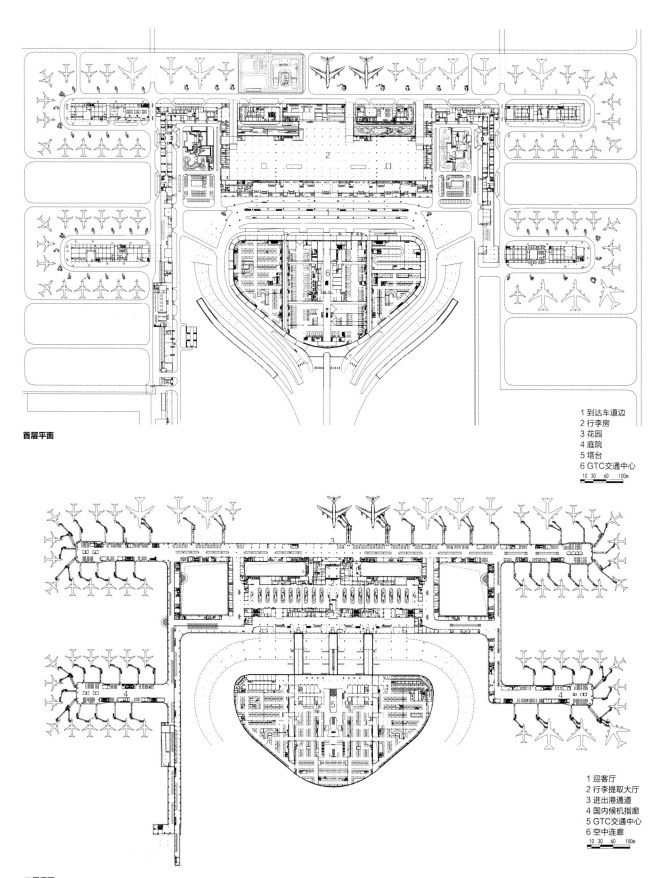

首层平面

1 到达车道边
2 行李房
3 花园
4 庭院
5 塔台
6 GTC交通中心

10 30 60 100m

二层平面

1 迎客厅
2 行李提取大厅
3 进出港通道
4 国内候机指廊
5 GTC交通中心
6 空中连廊

10 30 60 100m

入口高架桥透视

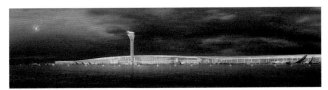

空侧透视

陆侧一点透视

北侧鸟瞰

在港时间也得延长。结合国情和发展趋势，大集中——地面四层为国际、国内集中办票出发层，地面二层为旅客到达和行李提取层；小分散——国际居中，国内两翼布置，分区清晰合理，功能流线对应相应候机区，有效缩短旅客步行距离。

（2）国际分流，国内混流的基本流程

立体综合地利用空间，提高空间利用效率，国际流程采用分层分流模式，地面四层为国际出发及候机楼层，地面三层（夹层）为国际到港（夹层）通道；地面二层为国内出发及候机、到达共用的混流模式楼层——既贴合国内枢纽机场的定位，又方便旅客在本层直接转机，有效提高空间的利用效率和商业区使用价值。

（3）功能、空间立体化，国际近机位国内互用

国际出发及候机、到达分设于地面四层、三层居中部位，采用多层近机位登机桥。地面二层为国内候机区，结合与国际航班的时间差，可充分利用国际航班的近机位宝贵资源，直接从地面二层进入多层登机桥的二层登机，为旅客提供最多的近机位。

（4）一次性规划设计，合理预留、预埋，方便中、远期更换、调整、微改造

科学深入地开展中、远期发展研究，遵循以近期使用为主，兼顾中、远期，强调可持续发展的弹性原则：

合理预留值机办票、安检、国际联检、行李系统的中、远期规模空间及相应设施容量，并做好设施、设备管线的预留、预埋，为中、远期不停航施工改造创造有利的必要条件。

近期合理利用，如预留两侧的值机岛作为商业区。安检、联检两侧区域作为相关工作用房，中、远期可方便地转换、调整为功能流程空间，提高空间利用效率。

2. 综合全面、方便快捷的中转功能流程设计

充分考虑国内枢纽机场的功能与定位，提升旅客的舒适性和机场运营效率，优化多种过站、中转旅客，贵宾旅客，特殊旅客的行李流程及其他功能流程，实现了国际、国内旅客在候机区内的直接中转，并为国际中转且需在T3航站楼停留较长时间的旅客提供淋浴、餐饮、文娱、休闲设施及休息空间。

3. 与综合交通中心GTC无缝衔接、交通零换乘

综合交通中心GTC位于T3航站楼南侧，隔高架桥布置，并与地面二层设置的三条宽敞的通往T3航站楼的廊道直接相通，航空、城际铁路、城市轨道、公路长途、公交（含机场大巴）、出租车、社会车辆等多种交通方式无缝衔接，形成一体化现代综合交通枢纽，并突出公共交通优先、鼓励绿色出行的理念。

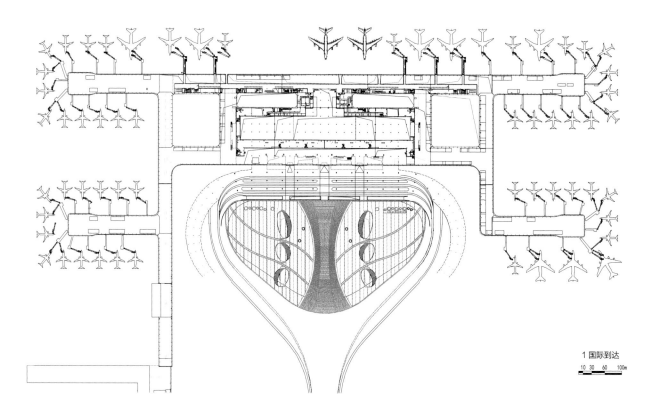

1 国际到达

10 30 60 100m

三层平面

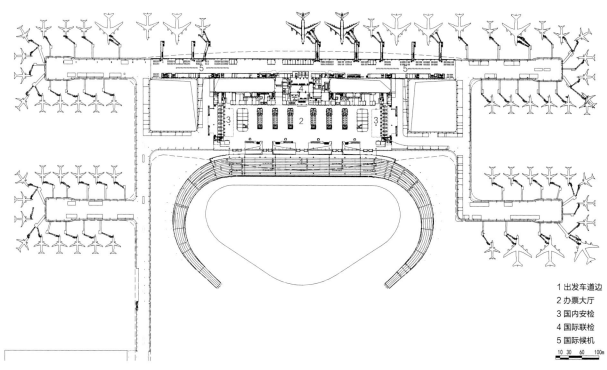

1 出发车道边
2 办票大厅
3 国内安检
4 国际联检
5 国际候机

10 30 60 100m

四层平面

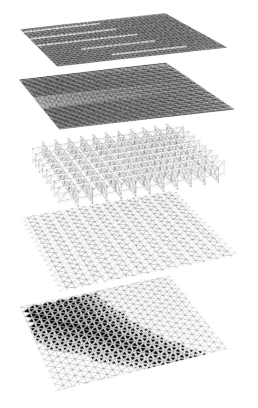

屋面结构

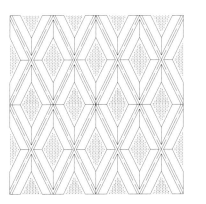

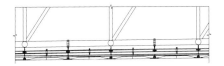

吊顶构造

4．创新型现代航站楼建筑的空间设计

航站楼是旅客直接使用和体验的空间，关系到旅客心理感受和对城市（地区）的印象。

（1）造型现代简约、空间舒展灵动

结合建筑功能和空间尺度要求，建筑整体塑形现代简约大气，空间舒展流畅。航站楼东西方向长1300m，南北方向长450m，是巨型单体建筑，若仅仅加大空间竖向高差，既不够明显，也不符合航空限高、内部功能空间及节能降耗等诸多要求，因此选择相对平缓、连续渐变的空间，体现空间的均好性才是上佳策略。结合内部功能，理性把握空间尺度，运用多种现代立体三维辅助设计技术，反复推敲、比较，以突出建筑空间的整体性、现代性、方向性、流动性、连续性和灵动性。

（2）空间开敞明亮，彰显设计主题

建筑四周均采用全落地式高透光节能型玻璃幕墙，中间结合大型庭院、花园的设计，空间开敞明亮，大屋顶中部运用四种规格尺寸组合成的标准化单元式三角形天窗，经计算机计算（数量、位置、大小等）科学补充自然采光，形成室内照度均匀、光线柔和自然的舒适宜人效果，彰显"银河璀璨、凤舞九天"的设计主题。

（3）空间尺度宜人化，环境条件最优化

在面积规模相同的前提下，航站楼需要有更多的公共空间、近机位数量和候机区面积，因此在保证合理的功能流线、宽敞舒适的公共空间、尽量多的近机位数量，以及在不增加旅客步行距离的同时，采用相对集中又适度分区的建筑布局方式，东、西两处115m×100m的大型花园和中部两处140m×30m的庭院与建筑有机相融，充分利用自然通风和自然采光条件，建成生长在美丽自然中、具有武汉地域特色的花园机场。航站楼内重视立体绿化、景观的设计，塑造机场花园的氛围。

5．形式是空间（内部功能）的逻辑反映

（1）通透

采用整体连续完整、高透（透光率60%）节能型全玻璃幕墙外围护透明化设计，尽量消隐和模糊建筑与室外的边界，消除隔离性与封闭感；

向外倾斜12°，结合指廊端头和转角处三维曲面全透玻璃，赋予建筑形式感与现代感；

室内外庭院及花园合理布局，增加建筑的透明性、均匀性及层次性；

采用分散式"满天星"三角形天窗，提高建筑大进深部位的照度，并让建筑室内照度均质化，光线柔和化；

室内建筑、小品（如商业、电梯等）采用开敞化、透明化处理；

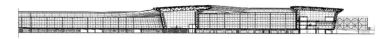

剖面

剖面

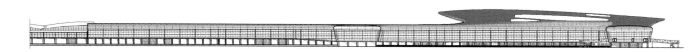

东南立面

东北立面

结合建筑朝向设置水平遮阳，不影响视觉通透与透明性；

合理运用照明设计强化航站楼向内、向外观赏的透明性，突出航站楼的白天与黑夜，突出强烈反差与戏剧性梦幻般效果。

（2）轻盈

流畅——运用现代简约的造型、流畅的曲面空间形式，展现航站楼的行业特点。

通透——高透光的全玻璃幕墙+采光天窗+中、边庭的运用实现空间通透化。

浅色——建筑室内外及构件等均采用统一的暖白色，展现建筑室内外的整体和谐与统一完整性。

消隐——合适的结构体系：白云般的顶棚、纤细的白色锥形钢柱及室内透明电梯。

（3）对比

大空间，小柱网——巨型空间采用规整、经济的结构柱网尺寸，锥形柱的运用强化了空间的开敞与通透性。

大悬挑，小节点——主入口雨篷最大悬挑达40 m，其端部厚度仅为0.4 m，两者形成强烈的视觉冲击力和力度感。

规整的庭院与灵动的飞檐——规整的庭院设计简约大气，东、西花园采用局部灵动飞檐的造型，丰富巨型的规整庭院空间与造型的层次。

6. 建筑一体化设计

（1）建筑室内外一体化设计

航站楼是功能复杂的交通建筑，也是人员集中的公共建筑，尤其是枢纽机场（航站楼），每天有数以万计的旅客进出，如遇上极端天气、航空管制、航班延误等情况，航站楼内会有大量的旅客滞留。为提高旅客的舒适性，减少旅客的焦虑感，武汉天河T3航站楼外围护墙均采用全落地式的节能高透光型双银中空玻璃幕墙（传热系数<2.2 W/m²·K，遮阳系数<0.35，透光率>60%的10+12A+10+1.52+10中空夹胶Low-E安全玻璃，玻璃的标准尺寸为3000mm×2000mm），并尽量弱化结构体系，减少建筑的封闭感和围合感。采用建筑室内外一体化的设计手法，即采用相同的金属铝板、相同的暖白色彩、相似的单元板块、相似的现代简约流畅曲面造型等模糊室内外的界限。

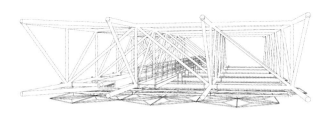

网架空间集约利用

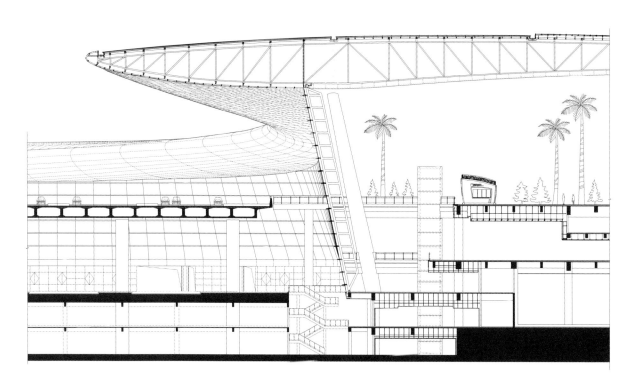

立体空间

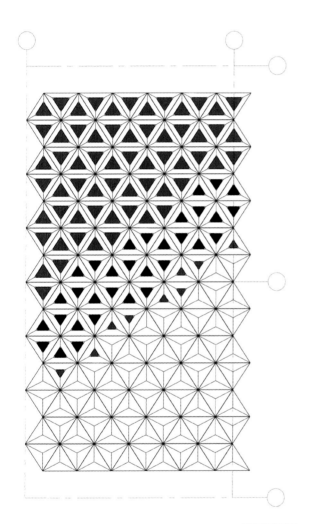

蜂巢板吊顶排布

（2）建筑、结构、设施设计一体化

突出建筑、结构、机电、设施、装饰等的一体化设计、集约化设计、标准化设计。专业合理，综合效果最优，并整合统筹至建筑整体效果之中。

结构是建筑空间、功能的真实逻辑反映，清晰简约的结构体系，合适的结构柱网尺寸，上小下大变截面的暖白色锥形钢柱是建筑造型语言的有机部分。设施、设备也是建筑一体化的重要组成部分，不可或缺。屋顶天窗是集自然采光、通风及排烟多种功能于一体的综合体，采用防水技术成熟、可靠的直立锁边屋面系统和单元式、三角形艺术化的采光天窗集成设计。统筹整合建筑、结构、设施、设备、构筑物、标识、标牌等实现一体化、标准化。

（3）专项设计、深化设计与建筑一体化设计

机场三期工程有几十家设计单位参与，作为武汉天河T3航站楼主体设计和牵头单位，中南院需要合理把握和统筹建筑整体的效果。

（4）设施集成化、标准化、艺术化设计

有机整合值机岛、空调送回风塔、消火栓、航显屏、商业岛、门套等功能设施及小品设计，采用集成化、标准化、艺术化的创新设计，并与建筑整体风格、形式融合，构成航站楼浑然一体又具有特色的风景。

（5）设计特色突出，风格整体统一和谐

在一体化设计的基础上，结合四层出发大厅、二层候机指廊、二层行李到达大厅、迎客大厅等各公共空间、功能要求及设施限制条件，最大化利用空间，将限定条件转化为整体和谐又有差异性的特色设计。

武汉天河国际机场三期扩建工程是融航空、城市轨道交通、城际铁路、公交等多种交通方式，无缝衔接的一体化综合交通枢纽。在遵循以人为本、效率优先的同时，在总体规划上充分体现以现代航空港为基础的一体化综合交通枢纽的特点，完善交通系统，塑造花园机场并为机场未来预留发展空间。通过对功能流程、建筑空间、绿色生态、技术集成到地域特色的多方位一体化创新设计，力求将武汉天河国际机场三期塑造成规划合理、功能完善、交通转换方便，同时兼具良好体验性的现代交通建筑。

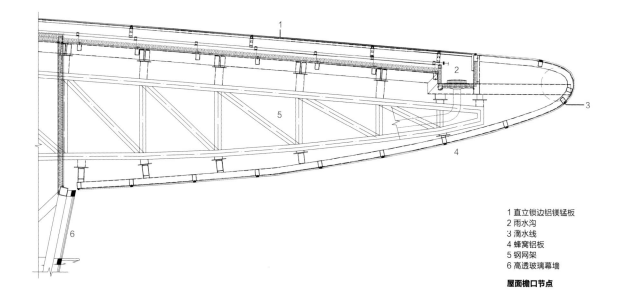

1 直立锁边铝镁锰板
2 雨水沟
3 滴水线
4 蜂窝铝板
5 钢网架
6 高透玻璃幕墙

屋面檐口节点

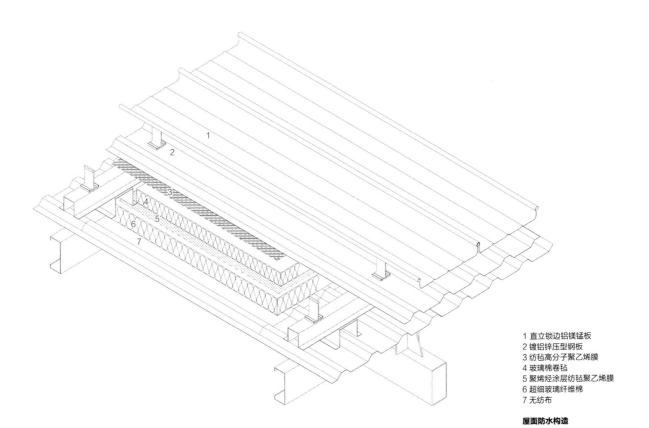

1 直立锁边铝镁锰板
2 镀铝锌压型钢板
3 纺毡高分子聚乙烯膜
4 玻璃棉卷毡
5 聚烯烃涂层纺毡聚乙烯膜
6 超细玻璃纤维棉
7 无纺布

屋面防水构造

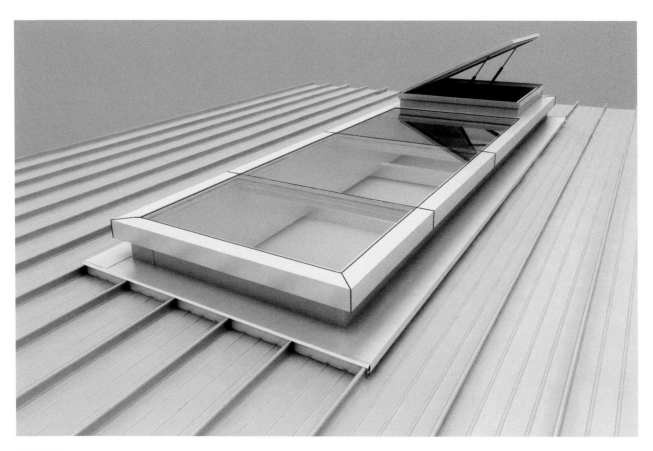

屋面天窗构造

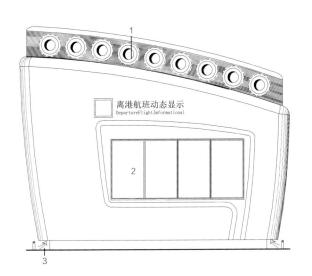

离港航班动态显示
DepartureFlightImformational

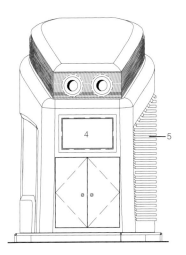

1 球型风口
2 显示屏
3 回风口
4 标识屏
5 铝合金格栅

一体化风塔

盘龙城遗址博物馆

Panlongcheng Site Museum

设计时间：

2014年06月—2016年05月

总建筑面积：

18291m²

建筑高度：

11.0m

合作建筑师：

葛亮　　邵岚　　潘天　　王珊

张思然　章生平　刘羽　江珊

隐建筑

盘龙城遗址博物馆在总体的规划设计上充分尊重环境、完善遗址保护，努力打造"遗址生态文化公园"。博物馆集历史文化、科研教育、生态景观、休闲旅游等功能于一体，尊重并尽量保护公园原生植被及其依存的自然环境，塑造与公园环境高度和谐、浑然一体、相得益彰的"隐建筑"。

大区域总平面

鸟瞰透视

入口透视

入口半鸟瞰

沿湖透视

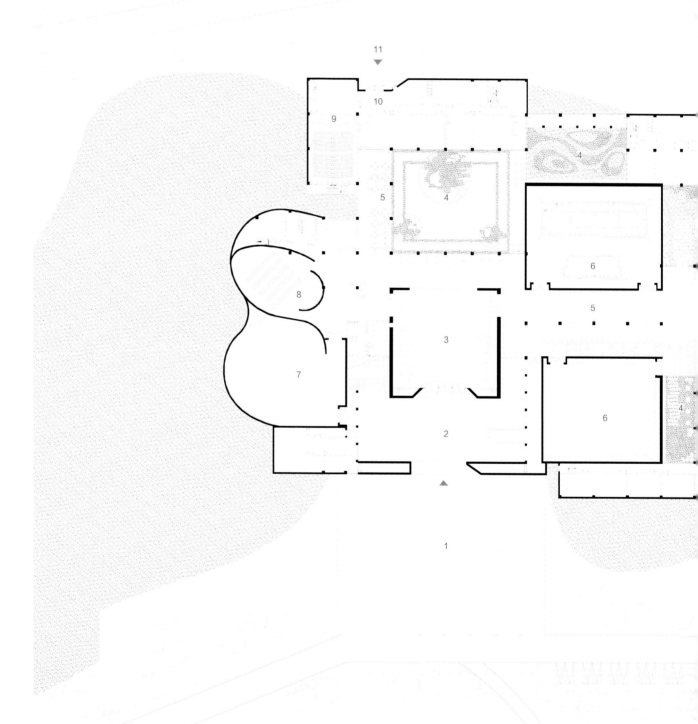

首层平面

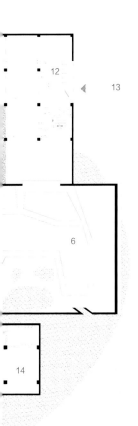

1 主入口广场
2 入口庭院
3 序厅
4 庭院
5 休憩
6 展厅
7 临时展厅
8 3D影厅
9 学术报告厅
10 科研门厅
11 科研入口广场
12 文保门厅
13 文保入口广场
14 设备间

5   10   20m

盘龙城遗址公园位于武汉市黄陂区，南侧临近城市三环线，北侧距离武汉市天河国际机场仅9km，总规划用地422.55hm²，中心区域为碧波千亩的盘龙湖，四周环绕嵌套着高差十多米的不规则半岛坡地。用地内包含有较茂密的杂树、零星的村落、农田和水塘，一片清秀静谧的田园风光。遗址博物馆位于总规划用地西侧的中部，临近城市主干道盘龙大道，与遗址公园西入口（公园主入口）相接，距南侧核心遗址区650m，隔湖汊相对。

聚落式分散布局，嵌入式有机融合

结合博物馆建筑的功能与场地特征，将展陈、科研办公和文物保护三大功能适当分解，重构成多个单元体块，在尽量保留原始地形地貌的原则下，因地制宜地分散嵌入场地的自然高差与坡地起伏中，令建筑与环境高度相容，成为长在那里的"自然建筑"。

流动性公共空间，多样性场所感受

通过营造庭院、廊道、台阶、上人屋面（第五立面）、城墙、巷道等丰富、互联的室内外公共空间，突出空间体验的流动性、丰富性和立体性。强调人工与自然在建筑、环境、空间上的一体相融，令游客在"观、游、聚、憩、思"中，体验独特的场所感。

一体化综合设计，适宜性技术策略

综合不同功能需求，以人为本，针对性地采用适宜技术策略，一体化综合设计。设计将人工环境为主的展厅、馆藏等功能嵌入坡地，处于地下、半地下空间；将注重开放和交流的公共空间环绕庭院设置，并运用高低错落，收放有度的公共廊道、节点空间组织串联，构成独具特色，气候适应性良好（自然通风、采光条件）的观展体验空间。

柱网设计规整合理，展厅设计开敞无柱，为展陈布置提供最大的自由度和灵活性。综合设计建筑内外、结构设施、展陈装饰，构建浑然一体，高度融合，互为景观的地景式一体化设计。

创新型表皮构造，人本式精细设计

采用50~80mm厚干挂砂岩石材和铜板幕墙组合运用，精心设计，艺术化处理，形成粗放和精致的强烈反差，并和自然绿坡共同构成人工与自然的和谐气质。以人为本，精耕细作，通过对细部构造的把握，提升建筑完成度与品质感。

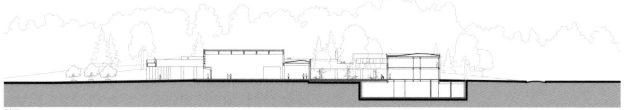

剖面

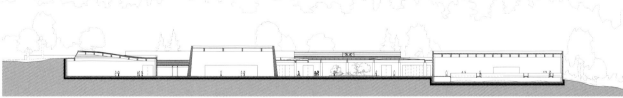

剖面

抗美援朝纪念馆
改扩建工程

Reconstruction and Expansion Project of Resist America Aid Korea Memorial Hall

设计时间：

2014年08月—2015年10月

总建筑面积：

29983m²

建筑高度：

23.9m

合作建筑师：

杨春利	潘 天	毛 凯	邵 岚
葛 亮	王 珊	张思然	江 珊
刘 羽	章生平		

和平的基石

　　抗美援朝纪念馆是全国唯一全面反映抗美援朝战争和抗美援朝运动历史的专题纪念馆，属国家级重大战争纪念馆。规划设计力求表现抗美援朝纪念馆与山体自然的和谐、与保留建筑及构筑物的和谐、与城市景观的和谐，使之成为主题突出、特色鲜明的国家级重大战争纪念馆。

原全景画馆实景

原抗美援朝纪念馆实景

原抗美援朝纪念塔实景

164

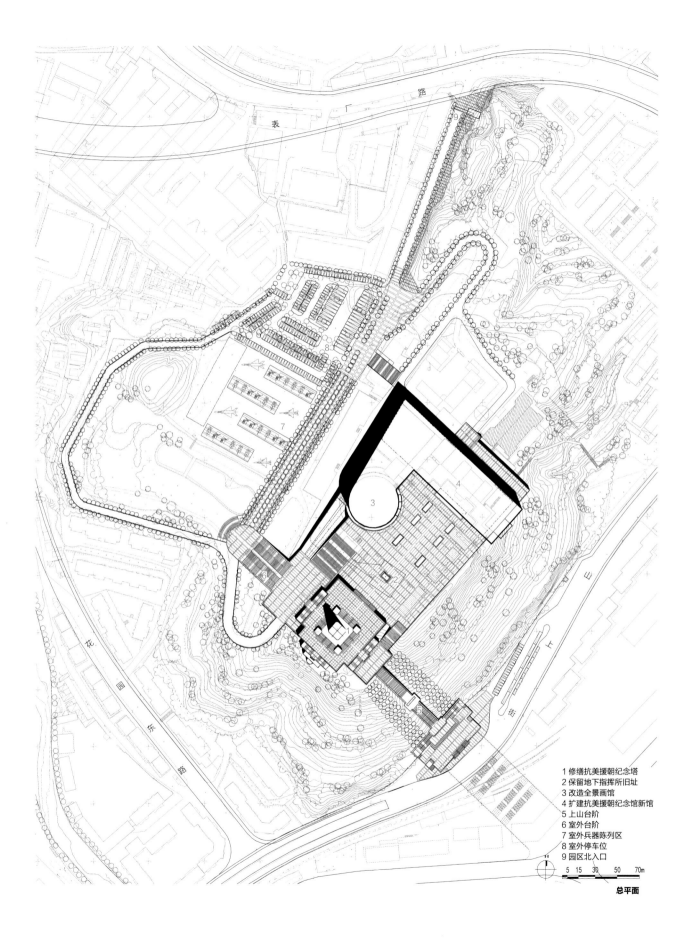

1 修缮抗美援朝纪念塔
2 保留地下指挥所旧址
3 改造全景画馆
4 扩建抗美援朝纪念馆新馆
5 上山台阶
6 室外台阶
7 室外兵器陈列区
8 室外停车位
9 园区北入口

5 15 30 50 70m

总平面

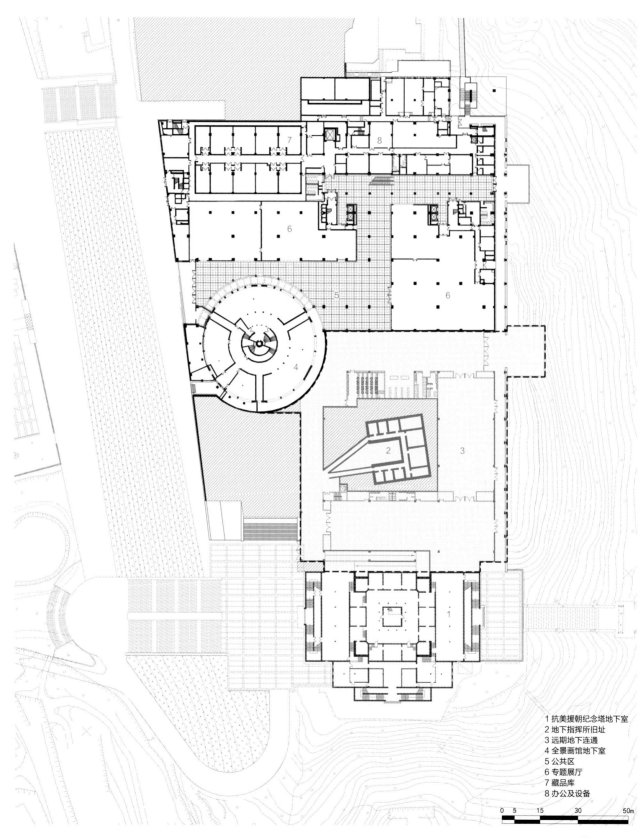

1 抗美援朝纪念塔地下室
2 地下指挥所旧址
3 远期地下连通
4 全景画馆地下室
5 公共区
6 专题展厅
7 藏品库
8 办公及设备

0 5 15   30   50m

地下一层平面

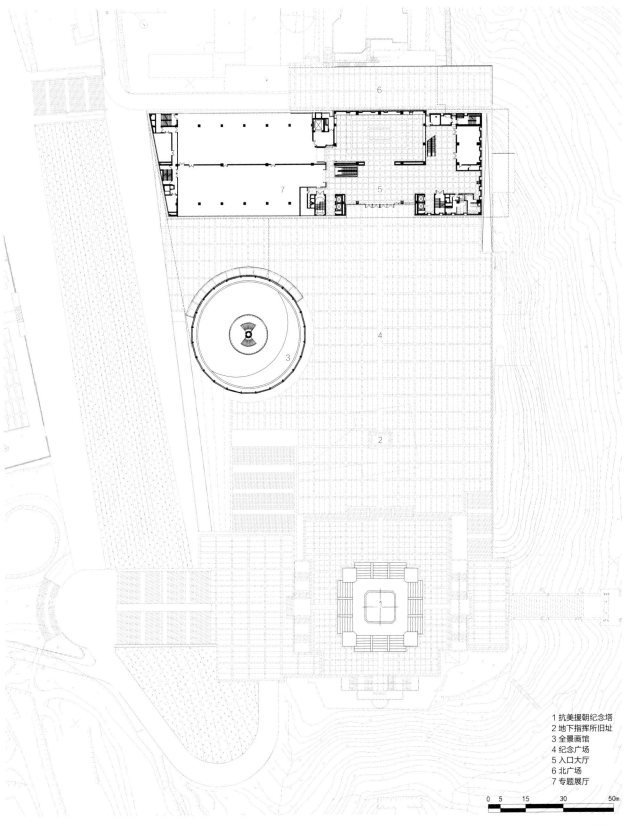

1 抗美援朝纪念塔
2 地下指挥所旧址
3 全景画馆
4 纪念广场
5 入口大厅
6 北广场
7 专题展厅

0 5   15   30   50m

一层平面

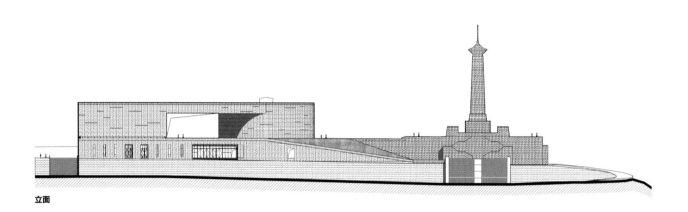

立面

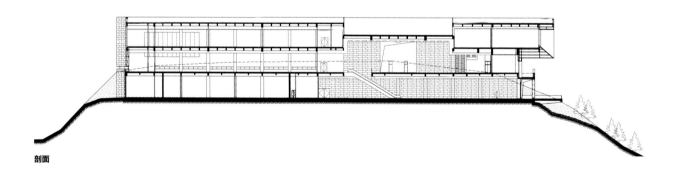

剖面

东南向仰视

抗美援朝纪念馆位于距离鸭绿江1.5km的英华山上，山体较为陡峭，规模不大的山顶现有丹东市博物馆和气象局等建筑。山体与城市之间仅在北侧有较为狭窄的出入口。

因地制宜，统筹规划
结合实地感受，设计在充分尊重保留建筑、构筑物和自然环境的基础上，最小干预，微修地形；并结合近、远期需要，综合统筹，有序规划建设分区；科学组织交通人流，系统解决复杂条件下的多重问题。

充分融合，浑然一体
合理分解建筑体量，适当向地下发展，使建筑与山体充分融合，巧借山势，浑然一体，共同构成气势非凡的大地雕塑式标志形象。

有机整合，营造场所
分别依据保留建筑、构筑物的具体情况，针对性地采取原真性保留（地下指挥所旧址）、保护性修缮（纪念塔）与整合性改造（全景画馆）策略，并通过扩建建筑与室外场地的综合设计有机整合新与旧、建筑与环境的关系，重新构建馆、塔、广场、山体之间的秩序与层次，营造独特的场所感。

纪念广场夜景

序厅

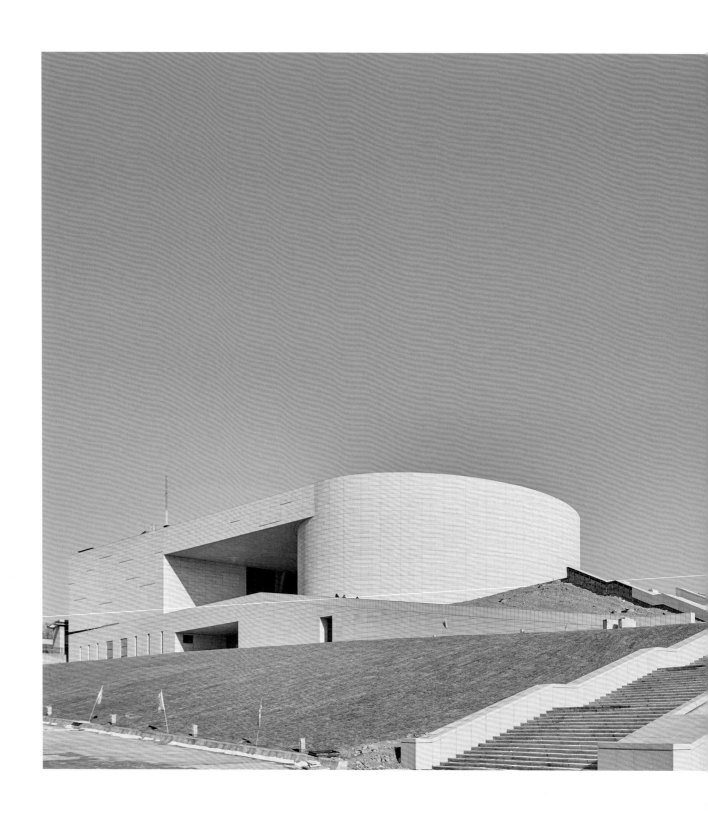

武汉保利文化广场

Wuhan Poly Cultural Plaza

设计时间：

2006年10月—2012年12月

总建筑面积：

142742m²

建筑高度：

211.8m

合作建筑师：

程一多　　齐小丹　　刘　见

江城大客厅

武汉保利文化广场地处湖北省行政商务中心，洪山广场西南侧，中南路和广南路的交汇处，是武汉市内环线上最重要的节点之一，总建筑面积142742m²，地下4层，地上46层，建筑高度211.8m，为一座以5A级办公功能为主的大型综合性超高层建筑。

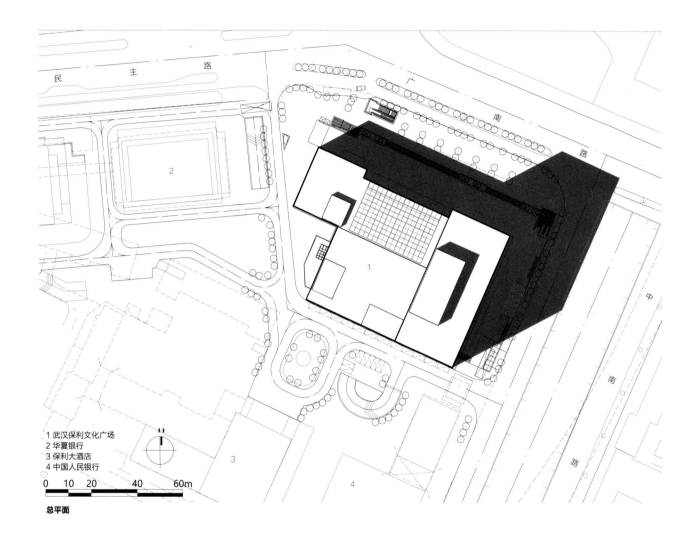

1 武汉保利文化广场
2 华夏银行
3 保利大酒店
4 中国人民银行

0 10 20   40   60m

总平面

项目场地南侧为武汉人民银行办公大楼及保利大酒店，西侧紧邻洪广（华银）大厦，北面是洪山体育馆。城市规划地铁2号线路、4号线路经过此路段（东北角），并设有站点。地理位置十分优越，交通优势明显。

建筑主体沿中南路与广南路建筑尽量后退，留出较大空间作为步行人流室外活动空间。

配楼临广南路、民主路布置并在空中与主楼连城整体构成巨大的"门型"结构。"巨门"正对城市的核心——洪山广场，巨门之内为气势恢宏的开放式公共空间——"城市大客厅"。

四十六层主楼平面呈矩形，长向沿中南路布局，以此强化与界定城市中轴线。

因项目处于城市的核心，呈不规则梯形用地，建筑采用简洁的"方形"位于用地中间布置，平面西北侧局部适当向外延展成近似较小方形与地形相吻合，并充分考虑本项目北广场直接面临洪山广场的开敞性与完整性。

186

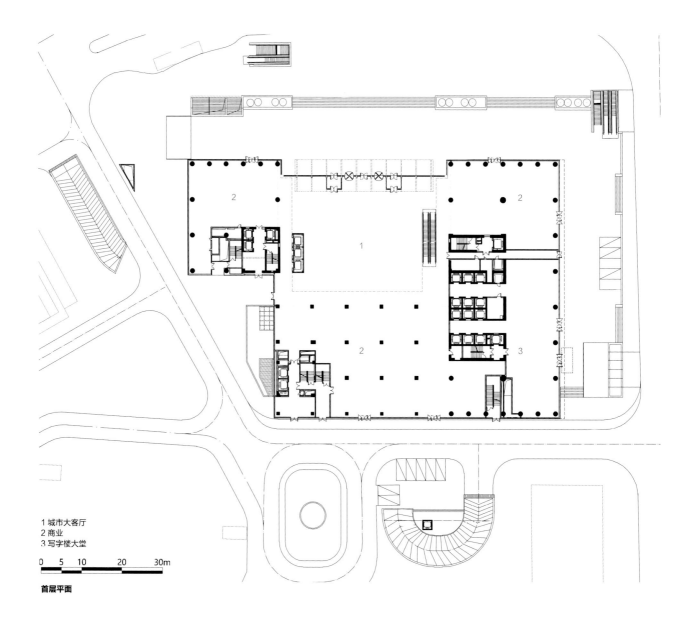

1 城市大客厅
2 商业
3 写字楼大堂

0 5 10   20   30m

首层平面

　　建筑造型正对城市核心——洪山广场，采取跨度42.5m×进深25.5m×16.4m开放式建筑实体，围绕巨型透明城市大客厅有机组合为h形的门式钢巨构，形体规整，风格简约，线条精美、清晰而硬朗，屹立在都市中央门户。

　　"巨门"之下为宏伟而透明的"城市大客厅"，正对城市核心——洪山广场，大客厅敞开怀抱欢迎来访的市民与游客，强调并突出该广场文化中心的氛围及大都市活力与价值的象征，并发展成为文化中心的一个特殊标志。

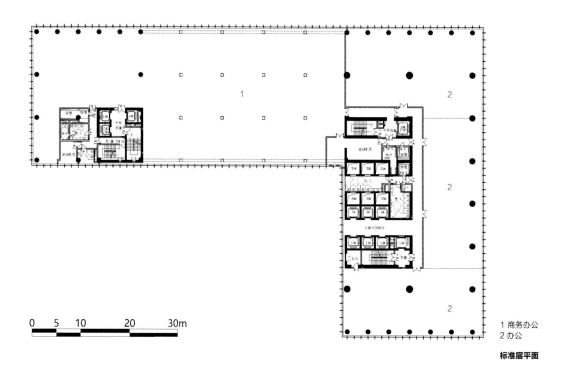

0　5　10　　20　　　30m

1 商务办公
2 办公

标准层平面

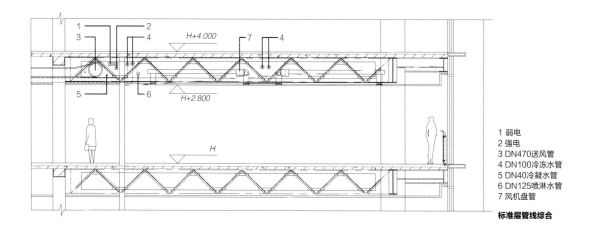

1 弱电
2 强电
3 DN470送风管
4 DN100冷冻水管
5 DN40冷凝水管
6 DN125喷淋水管
7 风机盘管

标准层管线综合

　　主楼采用经济规整的柱网（主楼8.50m×12.75m）和合适的结构体系（主楼采用钢管混凝土柱+钢桁架+钢混凝土筒体，大跨采用钢结构）。

　　主楼空间开敞，视线遮挡小，平面利用率高。通过采用钢桁架梁自承式楼板，充分利用桁架空间进行管线综合，有效增加室内净高，标准层为4.0m层高，完成后净高为2.8m结合单元式玻璃幕墙（1417mm×3200mm）形成全景观视野5A写字楼。以达到建筑与室内效果的整体化、高性价比、高完成度的建筑室内外整体设计效果。

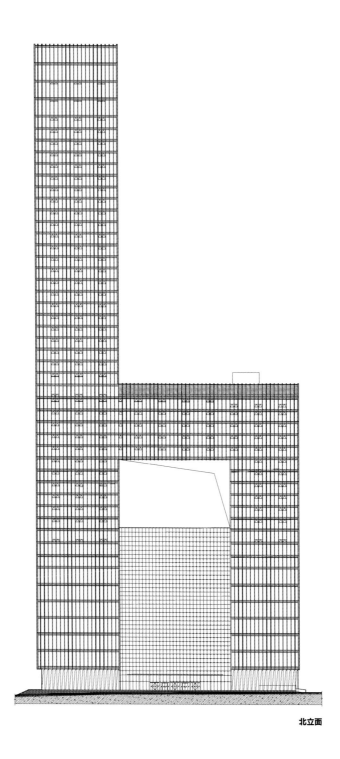

北立面

　　建筑立面造型是内部功能和结构的逻辑反映，围绕巨形透明城市大客厅有机组合为h型的门式钢构，极简又富于标志性，外立面采用统一标准化单元式玻璃幕墙，风格现代简约，线条精美，清晰又富有极强的整体感。

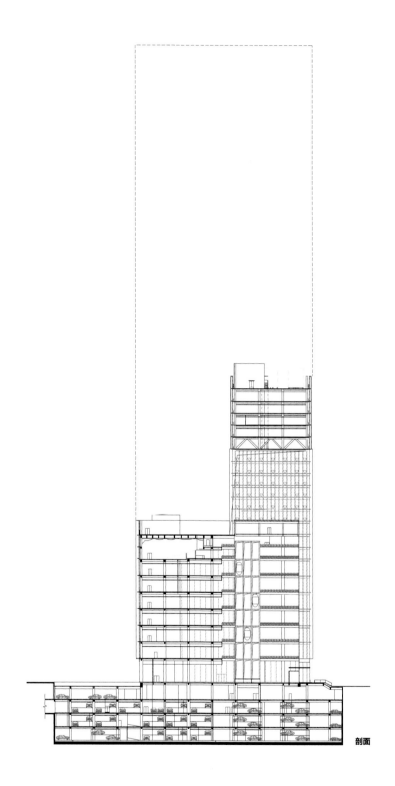

剖面

武汉保利文化广场功能配置从上而下依次为：

（1）顶层（高空）观景办公区；（2）商务办公区（中、上部）；（3）文化休闲区（文娱、报告厅、餐饮等）；（4）精品商业、展示（下部）；（5）车库、设备服务用房（地下层）。

形成资源共享、业态多元、层次丰富的商业空间，构成大规模、大体量、高综合性、设备系统复杂的大型综合超高层建筑。

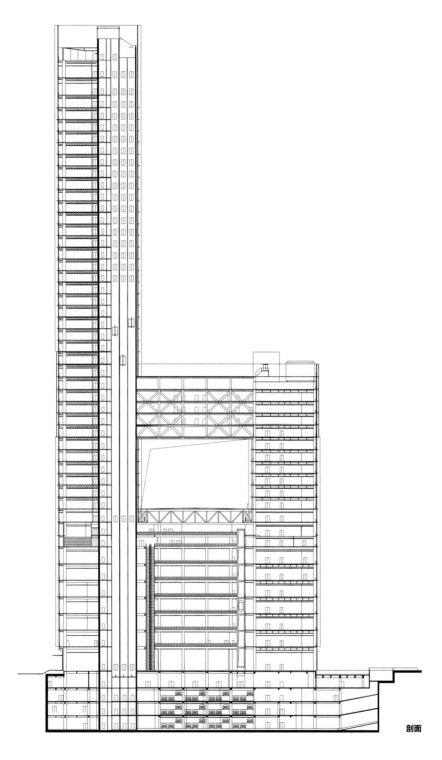

剖面

　　武汉保利文化广场主楼高度210m，经分析研究采用经济规整的柱网（主楼8.5m×12.75m）和合适的结构体系（主楼采用钢管混凝土柱+钢桁架梁+钢混凝土筒体，大跨采用钢结构），因用地规模、形状制约，标准层（1784m²/层）采用偏（西）筒体设计，以利朝向与景观（东湖、洪山）的最优化，主楼框架柱尺寸控制得当，较同类结构尺寸小，其底部为Ø1400mm，上部为Ø1100mm，混合减震设计，增设非线性黏滞阻尼器。主配楼在16～21层之间运用跨度45m×进深25.5m×高达20.7m巨型钢构的几何形体进行有机组合构成巨形"门字"结构。

城市大客厅仰视

围绕"城市大客厅"这一巨型创意空间——展开文化休闲主题功能，将文娱、餐饮、精品商业、展示等功能自上而下分层分区配置，合理的分区规模及符合消费人流的"瀑布"式黄金式业态，形成具有动感和活力的一站式体验商业。

"城市大客厅"位于高空连接体形成的"门形"框架体量之下，并且在下部体量的北边面向洪山广场，有效避免了夏季绝大部分日照，在总体布局上符合武汉夏热冬冷地区的日照气候条件。通过计算机CFD模拟（计算流体动力学），过渡季节通过"烟囱"效应，开启顶部通风百叶，上下气流通风作用，帮助自然通风换气，明显改善室内热环境和空气环境；冬季关闭通风玻璃百叶，通过"温室"效应减少热量损失。城市大客厅室内整体的温控通过热舒适性分区控制的空调系统，可形成较为舒适的冷、热环境，且能达到较为明显的节能效果。城市大客厅的采光顶将配合遮阳格栅，有效降低光线的直射，从而形成阳光适宜、尺度巨大、标志性极强的多功能"江城大客厅"。

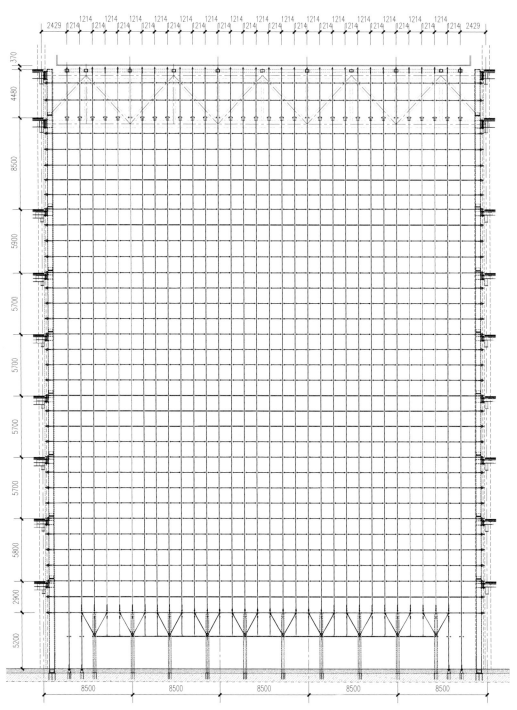

索网立面

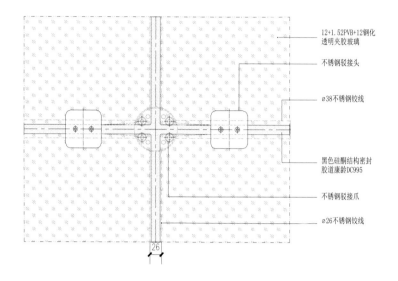

12+1.52PVB+12钢化
透明夹胶玻璃

不锈钢驳接头

∅38不锈钢铰线

黑色硅酮结构密封
胶道康龄DC995

不锈钢驳接爪

∅26不锈钢铰线

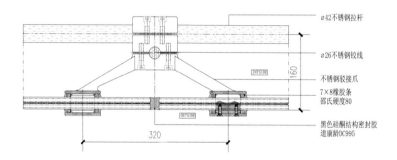

∅42不锈钢拉杆

∅26不锈钢铰线

不锈钢驳接爪

7×8橡胶条
邵氏硬度80

黑色硅酮结构密封胶
道康龄DC995

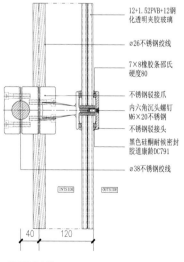

12+1.52PVB+12钢
化透明夹胶玻璃

∅26不锈钢绞线

7×8橡胶条邵氏
硬度80

不锈钢驳接爪

内六角沉头螺钉
M6×20不锈钢

不锈钢驳接头

黑色硅酮耐候密封
胶道康龄DC791

∅38不锈钢绞线

索网节点大样

全国最大尺度单层全柔索玻璃幕墙（42.5m宽×55.6m高）；张拉索钢绞线四向较均匀受力以尽量减少钢绞线的尺度，最大化体现幕墙的通透感。竖向钢绞线直径为26mm，横向钢绞线直径为38mm。采用17.52mm厚超白钢化玻璃，基本分格尺寸为1214mm宽×1450mm高，随层高有所调整。

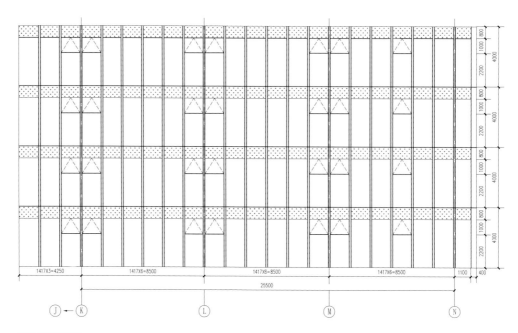

标准单元幕墙立面

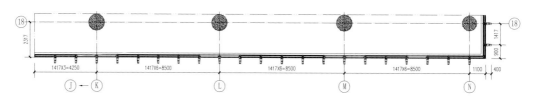

标准单元幕墙平面

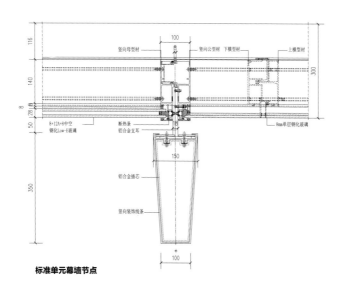

标准单元幕墙节点

单元式玻璃幕墙立面设计,采用向外突出玻璃表面450mm的竖向铝合金遮阳板,用来遮挡直射的阳光。灰色反射镀膜Low-E中空玻璃作为外围护透明玻璃幕墙,以较好的遮光系数,并保证良好的透光率,以确保白天获得最大程度的室内自然采光,尽量降低太阳热辐射,同时在冬季降低热损耗。立面采用断桥铝合金玻璃幕墙,以防止冷桥的发生。

华电集团华中总部
研发基地

Research and Development
Base of Central China
Headquarters,
Huadian Corporation

设计时间
2013年03月—2016年08月
总建筑面积：
354829m^2
建筑高度：
236.6m
合作建筑师：

程一多	潘 天	张文宁	毛 凯
邵 岚	杨春利	胡江伟	张思然
江 珊	刘 羽	章生平	

江城之门
　　本项目地处武汉长江大桥与二桥之间，城市一环内的核心位置，西临长江，东望沙湖，北侧距离武汉绿地606项目约1000m。周边主要城市道路为：临江大道、和平大道、友谊大道、楚汉路。

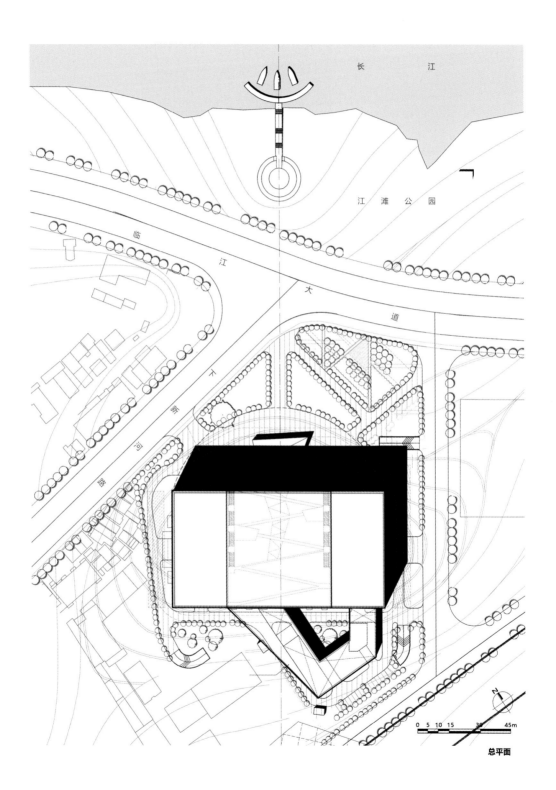

长 江

江 滩 公 园

临 江 大 道

新 河 路

0 5 10 15   30   45m

总平面

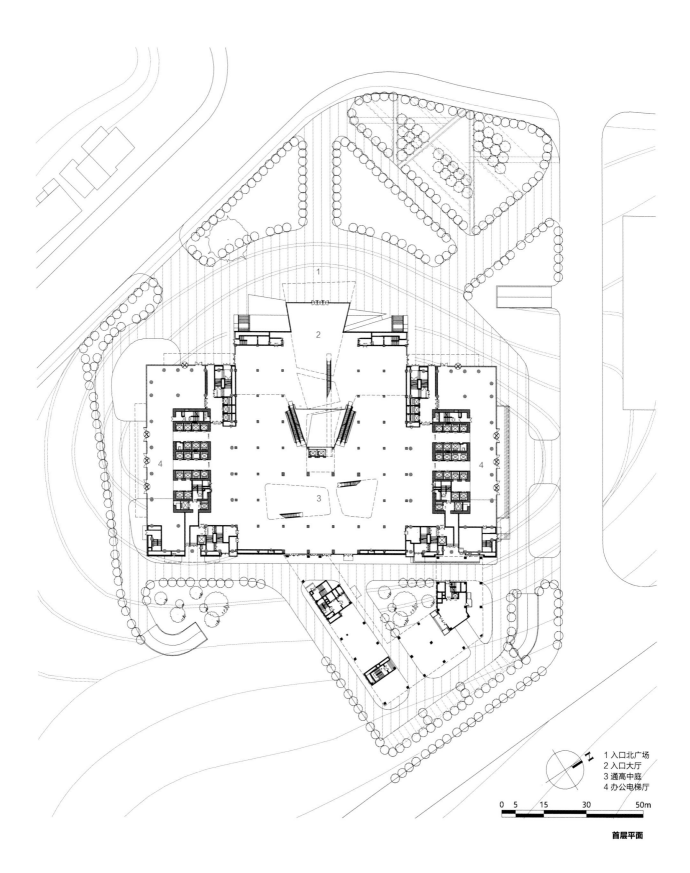

1 入口北广场
2 入口大厅
3 通高中庭
4 办公电梯厅

0 5   15   30   50m

首层平面

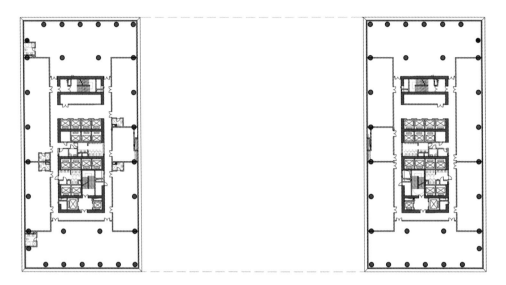

标准层平面

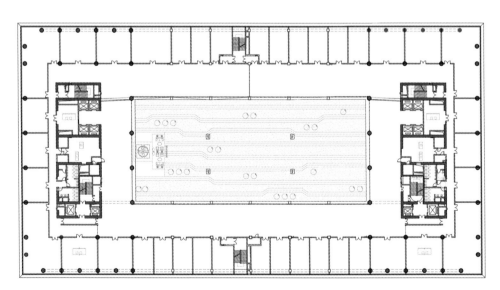

连接体平面

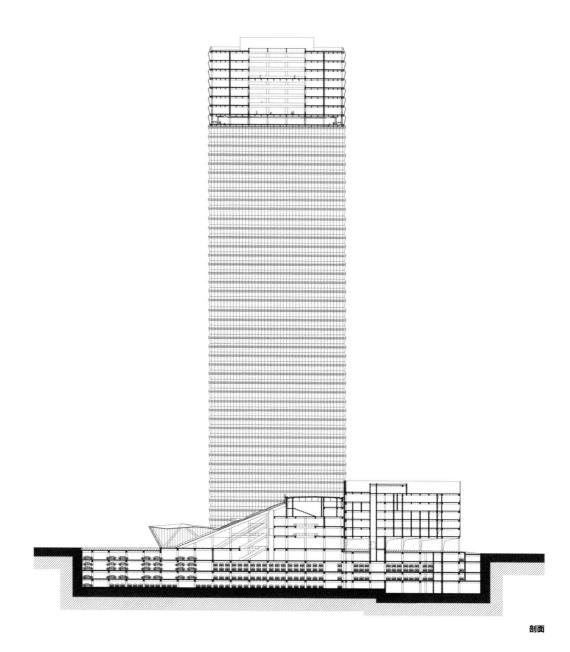

剖面

绿坡公园

　　裙房屋顶面向长江，空间开敞，为整体式绿坡，造型自由灵动、立体有机，犹如碧波微澜的流水，与水晶般玻璃体块相互穿插、组合，整体造型动感，舒展流畅。设计以现代手法、现代材料、现代技术再现传统"古塔"意象、体现地域特色，庭园式的广场设计，遍布本地植物、屋顶及垂直绿化等多维园林景观，使自然空间完美融合本土生态，兼具科技、艺术与自然。

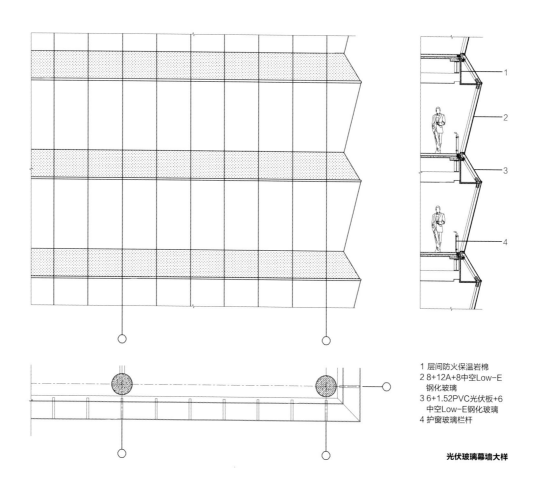

1 层间防火保温岩棉
2 8+12A+8中空Low-E
钢化玻璃
3 6+1.52PVC光伏板+6
中空Low-E钢化玻璃
4 护窗玻璃栏杆

光伏玻璃幕墙大样

传统意向，现代技术节点

以极具雕塑感的轮廓同区域内古塔——洪山宝塔之间产生意向上的联系。大楼每层立面玻璃幕墙划分为上、下两个单元，上部玻璃单元向上倾斜32°铺贴光伏太阳膜，下部玻璃单元向下倾斜15°扩大室内空间，折角幕墙设计营造出波纹般水平线条的外立面效果，使环保节能和美观、简洁、通透视觉效果合二为一。层层往上递增，宛若劲竹节节高升的造型，既表达了独特的古典神韵又体现了高超的现代科技。同时结合具有柔性可弯曲、质量轻、弱光性好、颜色可调、形状可塑等特性的薄膜发电技术，根据需要灵活调整透光率，调整组件的颜色，以获得最佳的建筑效果。

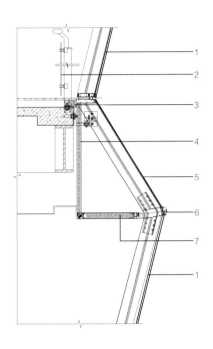

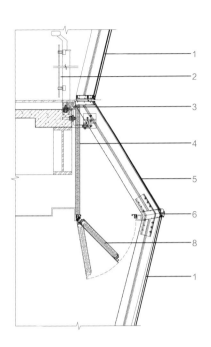

1 8+12A+8中空Low-E
　钢化玻璃
2 护窗玻璃栏杆
3 1.5厚钢板拖衬防火岩棉
4 防火保温岩棉
5 6+1.52PVC光伏板+6
　中空Low-E钢化玻璃
6 横向罩板型材（氟碳喷涂）
7 检修口（闭合）
8 检修口（开启）

检修口示意图

CFD时代财富中心

CFD Times Fortune Centre

设计时间：

2010年06月—2015年04月

总建筑面积：

108387m²

建筑高度：

212.3m

合作建筑师：

杨春利　　严昕　　刘慧　　毛凯

葛　亮

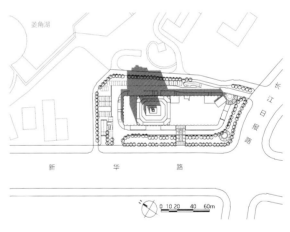

城市经典

　　本项目地块位于汉口新华路与长江日报路交汇处，整体狭长状，北依风光秀丽的菱角湖，西临新华路，南临长江日报路，交通条件十分便利，具有较为成熟的公共服务配套设施。

湖北省人民政府办公大楼

Office Building of Hubei Provincial People's Government

设计时间：

2000年03月—2000年08月

总建筑面积：

35000m²

建筑高度：

49.9m

合作建筑师：

邱文航　　　袁培煌　　　尹勤旺　　　唐梅芳

　　湖北省人民政府办公大楼位于武昌洪山路省政府大院内，规划用地面积4.9hm²。项目总建筑面积35000m²，地上12层，地下1层。其主要功能为政府机关行政办公，屋顶设有直升机停机坪供紧急救援及指挥用。

设计采用古典与现代相结合的手法，运用石材与铝材的组合，表达尊重传统、面向未来的设计主旨。出挑深远的屋顶、突出的门楼、连续的柱廊，吸收了西方建筑的精美手法；深色蘑菇石基座、北面实体裙楼，结合主楼连续有韵律的凹洞窗，使得建筑充满整体感和立体感；同材异构、异材同构及简约抽象的线条和外饰，彰显朴实内敛、平实耐看的风格。

办公楼采用横向舒展造型与出挑深远的金属大屋盖相结合；楼前高大的台阶，结合中心广场由南到北的缓缓提升的地形，烘托大楼的整体感；韵律洞窗、虚实对比突出了现代政府办公楼庄重大气的建筑风格，是"楚风汉韵"的现代表达。

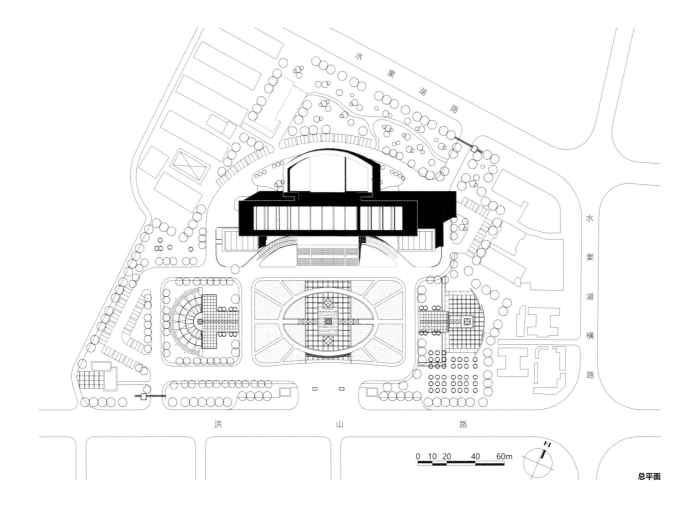

总平面

传承创新，本色设计

大楼呈中轴对称布局，体型错落有致，庄重典雅。代表楚文化的"编钟"形的总平面契合了不规则梯形用地，巧妙过渡和地形的竖向高差。

主要广场与办公楼采取对称性布局，几何式构图。由南向北的缓升地形，正好烘托出办公楼庄重、雄伟的气势。营造了良好的办公环境与景观，同时也从各个界面把绿化最大限度地贡献给市民，改善了城市环境面貌。

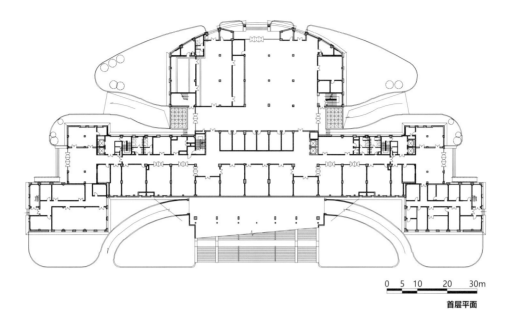

0 5 10   20   30m

首层平面

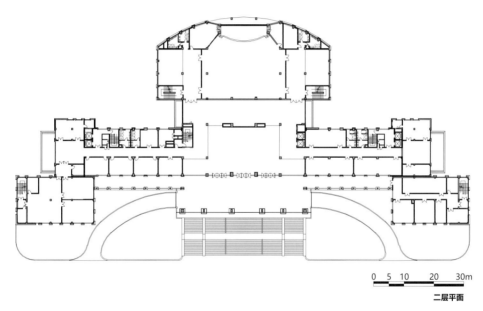

0 5 10   20   30m

二层平面

适度技术，以人为本

（1）采用尽量规整、简约的平面布局形式、创造高效实用的办公空间；

（2）南偏东的朝向结合金属大屋盖遮阳，有效减少夏季日晒，减小空调负荷，同时充分利用冬季太阳热辐射，节约采暖所需能源；

（3）合理设计建筑进深，最大限度地利用自然采光；

（4）注重建筑保温与隔热并举，窗墙面积比仅为0.28，遮阳与自然通风良好，节能效果明显。配合建筑空调供暖通风等相互之间的智能管理，更能适应武汉夏热冬冷的气候，达到最佳使用效率；

（5）结合春、夏、秋季主导风向，合理组织建筑平面，创新门窗节点构造，精心组织自然通风和排风，减小机械通风能耗；

（6）因地制宜，注重对地方建筑材料和廉价材料的适度创新运用，创造低价可持续建筑。

236

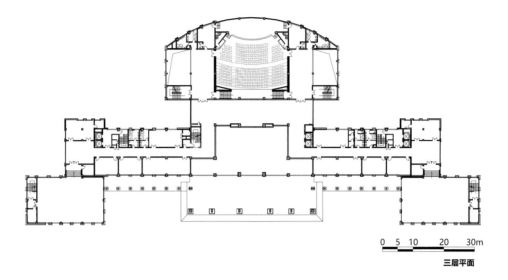

0 5 10 20 30m

三层平面

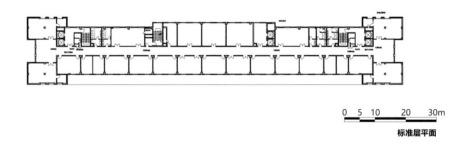

0 5 10 20 30m

标准层平面

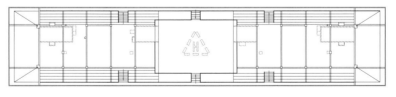

0 5 10 20 30m

屋顶层平面

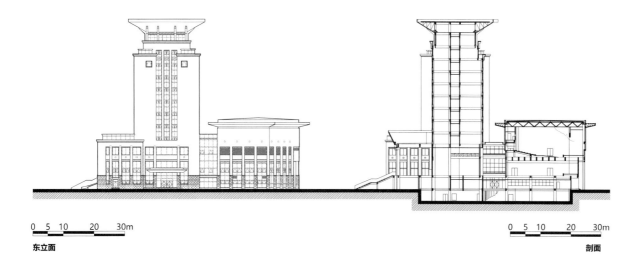

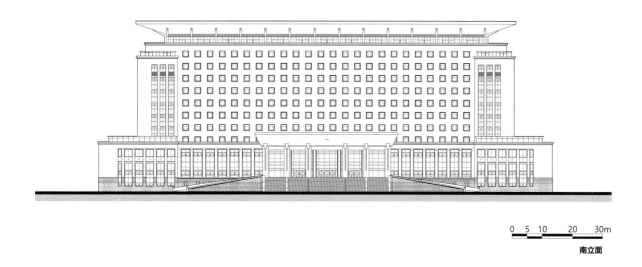

采用以被动技术为主，主动技术为辅的适用技术为原则，针对地方普通及低廉材料适度创新型构造处理，通过设计而体现建筑的高品质和长远价值。

武汉万科 · 城市花园南区

The South District of Vanke City Garden，Wuhan

设计时间：

2009年07月—2012年05月

总建筑面积：

346458m^2

建筑高度：

18.0~100.0m

合作建筑师：

芦晓旭　　程一多　　雷涛　　薄文

合作单位：

北京中外建建筑设计有限公司西北分公司

诗意栖居

　　武汉万科 · 城市花园南区位于武汉市城区的东南侧，紧邻城市中环线，周边分别与武大科技园、华师光谷中学及其他小区相邻。本项目距光谷商贸中心5km，距华中科技大学4km，是连接城市中心、东湖风景区、众多高校与光谷科技园区、汤逊湖自然生态区的节点之一。场地总体地形为北高南低、矮于周边的冲沟谷地，项目规划总用地面积23万m²，总建筑面积约34.65万m²。

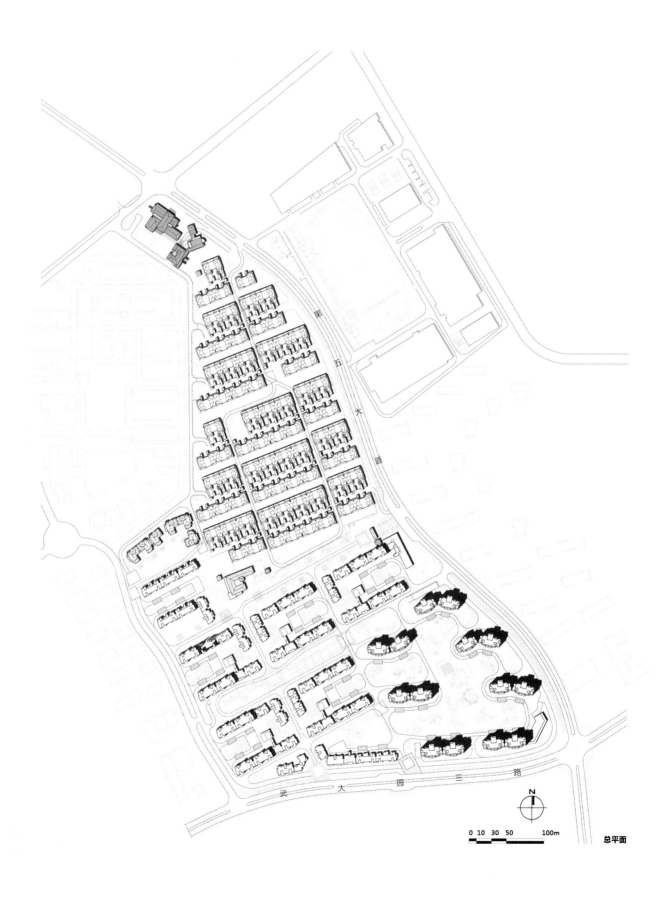

0 10 30 50 100m

总平面

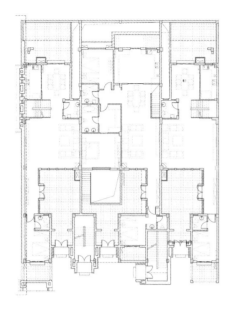

平面

总体规划

总体规划结合较周边环境低洼的冲沟谷地场地和地形高差，利用地下及半地下空间作为住户停车及创意拓展区域，有机布置采光通风的庭院，提升其品质。基地由北至南方向呈从高到低的地形，高差约10m。规划宏观上顺应原有地形设计六组台地，并利用其作为架空停车空间，人、车立体分流（层），下层行车停车，上层为居民活动的花园空间。

北区规划设计借鉴江南优秀传统城镇的鱼骨式布局方式，空间紧凑。有效利用广场、街、巷、庭院、天井等不同空间节点，营造良好的空间层次与过渡关系。

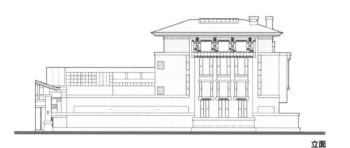

立面

建筑设计

北区设计中，通过对三种基本户型（162m²、181m²、205m²）的叠层组合，设置地下采光庭院，东西错层、跃层等手段，使空间上下穿插、左右贯通，在极为有限的体量内，实现了户型丰富、每户地下车库直达、首层分设独立门楼的私密效果，且每户均享有露天休闲庭院和两层通高室内客厅。通过精心的设计，既达到了高品质，并具中式传统"院宅"精髓的居住条件，又高效率地利用了空间，并形成高低错落有致的外部形体。

公共空间

武汉万科 · 润园

Run Park of Wuhan Vanke

设计时间：

2006年03月—2007年12月

总建筑面积：

87336m²

建筑高度：

12.6~98.0m

合作建筑师：

王 戈　　薄 文　　许 云　　芦晓旭

合作单位：

北京市建筑设计研究院

因树制宜

　　武汉万科·润园位于城市内环线旁，是在武昌和平大道和武青三干道之间的街区内。项目净用地面积约为3.6ha，总建筑面积为8.7万m²，容积率为2.4。共可容纳732户，为组团级规模住宅小区。

　　小区分为南北两个部分，南部以3层跃4层叠拼住宅为主，北面和东面临街为两栋9层住宅（围合中心花园），北部为4栋34层点式高层住宅。整个布局形成南低北高、南密北疏的空间形态。

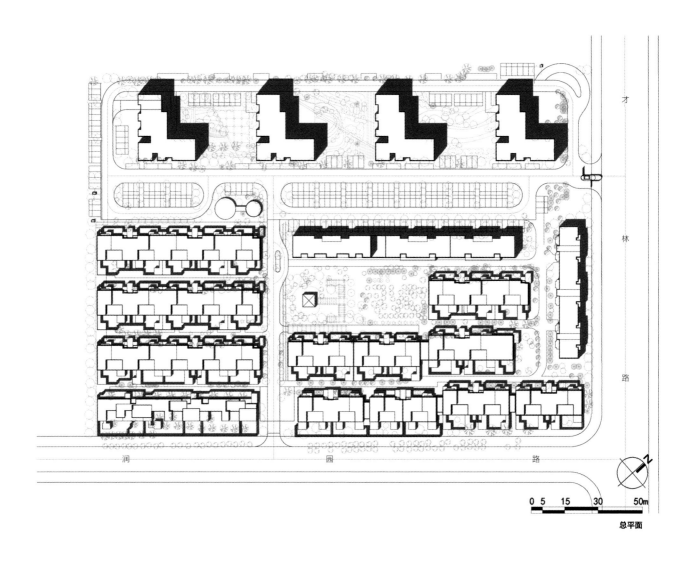

才

林

路

润 园 路

0 5 15 30   50m

总平面

"树下种房"

保留水塔

武汉万科·润园的项目规划用地位于原邮电部武汉通信仪表厂，该厂始建于1958年。厂区总体布局紧凑自然，建筑以平房为主，多为砖混结构，饰面为清水砖墙和水刷面相结合，结构老化，外墙皮剥落，保留或再利用较为困难。不大的厂区内生长着近900棵法桐、水杉、香樟等树木，形成十分茂密的绿色生态小环境。

总体规划

规划设计以保留树木、原状环境特点为宗旨，以探索现代宜居院墅为目标。在具体设计中，以基本对应原厂区建筑、道路的格局布置低层建筑与小区道路，以原厂区的中心花园和树林为核心打造小区中心组团绿地。为尽量保护树木，通过使用卫星GPS定位系统，对地块内的植被、景观与建筑进行精确定位和计算机系统再生成。以此为基础，采用尊重历史与自然的方式进行再规划，将匹配地块原有树木尺寸的低矮建筑置于树下，因树制宜，"树下种房"。最终保留了668棵树木和中心花园。树林巨大茂密的树冠为建筑和环境提供了良好的遮阳和隔热条件，在武汉炎热的夏季，有效减少了建筑能耗，提升了环境的舒适性，并为住户提供了一定的视觉分隔，在多个方面提升了居住的品质。

建筑设计

建筑设计中，以三种基本户型（149m²、165m²、198m²）为标准化模块（Block），通过灵活组合，因树制宜地采用差异性连接体，构建创新型的立体院落居住模式，对节地型立体院墅做出探索。

通过"叠层院墅"的错动组合，令每户都有独立的小院或天台，打造精神性新中式院墅，有天有地且各具唯一性的空间格局，营造当代诗意的栖居。

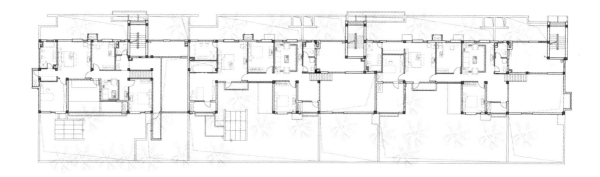

1号楼一层平面

1号楼二层平面

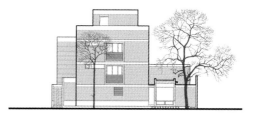

1号楼立面、剖面

1号楼立面

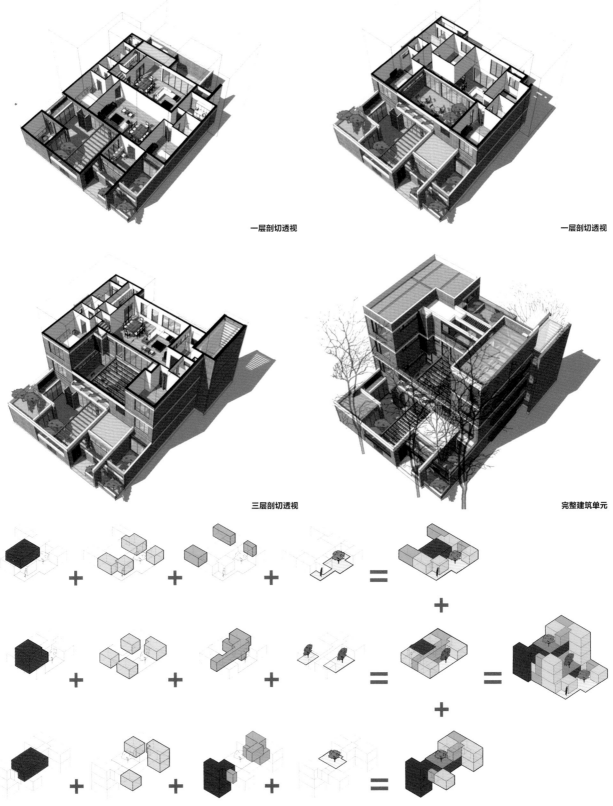

一层剖切透视   一层剖切透视

三层剖切透视   完整建筑单元

灵活组合标准化模块（Block）户型设计

附 录
Appendix

附录1：作者简介　About the Author

桂学文

GUI XUEWEN

中南建筑设计院股份有限公司首席总建筑师

教授级高级建筑师

国家一级注册建筑师

中国建筑学会理事会常务理事

湖北省土木建筑学会建筑师分会理事长

香港建筑师学会会员

华中科技大学建筑与城市规划学院硕士研究生校外导师

武汉大学城市设计学院建筑学硕士专业学位研究生校外兼职导师

桂学文，1963年8月生。1986年毕业于南京工学院（现东南大学）建筑系建筑学专业，2004年1月至2018年9月任中南建筑设计院股份有限公司总建筑师，现为公司首席总建筑师。

国务院政府特殊津贴专家、第五届全国优秀科技工作者、2014年全国五一劳动奖章获得者、当代中国百名建筑师。

中国建筑学会第十三届理事会常务理事，香港建筑师学会会员，中国建筑学会高层建筑人居环境学术委员会副主任委员，中国建筑学会计算性设计学术委员会副主任委员，中国勘察设计协会建筑设计分会第八届技术专家委员会委员，中国建筑学会地下空间学术委员会常务理事，中国建筑学会城市设计分会第一届理事会常务理事，湖北省土木建筑学会建筑师分会理事长，华中科技大学建筑与城市规划学院硕士研究生校外导师、武汉大学城市设计学院建筑学硕士专业学位研究生校外兼职导师，《民用建筑设计通则》、《民用建筑设计统一标准》修编编委，《全国民用建筑工程设计技术措施》节能专篇建筑编委，《华中建筑》常务编委。

提出并践行"本色建筑"设计观，倡导去伪存真、理性思辨、挖掘提炼的工作模式，以可持续的理念和态度，构建经得起时间考验的建筑，"还建筑空间之本，正建筑美学之色"。追求建筑的品质、诗意性和高完成度，力求体现时代性和在地性；尊重环境，以人为本；充分考虑建筑与环境的和谐，注重公共空间和人文精神的塑造。

代表作品：
中国人民革命军事博物馆改扩建工程 (15.3万m²)
抗美援朝纪念馆改扩建工程 (3.0万m²)
盘龙城遗址博物馆 (1.8万m²)
武汉天河机场T3航站楼 (49.5万m²)
湖北省人民政府办公大楼 (3.5万m²)
武汉保利文化广场 (14.3万m²)
华电集团华中总部研发基地 (35.5万m²)
中国银行湖北省分行新建营业办公楼 (13.0万m²)
湖北国展中心广场 (19.6万m²)
CFD时代财富中心 (10.8万m²)
武汉市轨道交通2号线江汉路站 (7.9万m²)
武汉市轨道交通7号线三阳路风塔配套综合开发项目 (24.5万m²)
武汉万科·润园 (8.7万m²)
武汉万科·城市花园 (16.3万m²)
武汉万科·城市花园南区 (43.6万m²)等。

附录2：项目获奖列表　　List of Awards

武汉中央文化区汉街J3J4地块
2015年香港建筑师学会两岸四地建筑设计论坛及大奖（商场/步行街组）卓越奖
2015年全国优秀工程勘察设计行业奖一等奖

武汉保利文化广场
2015年全国优秀工程勘察设计行业奖一等奖

武汉中央文化旅游区(一期)K-5地块汉街万达广场
2017年度全国优秀工程勘察设计行业奖一等奖

万科城市花园南区（红郡）
2015年香港建筑师学会两岸四地建筑设计论坛及大奖（低层住宅组）卓越奖
2015年全国优秀工程勘察设计行业奖一等奖

梦湖香郡三期（A区、B区）
2017年度全国优秀工程勘察设计行业奖（住宅与住宅小区）一等奖

武汉中央文化区K1地块
2017年度全国优秀工程勘察设计行业奖二等奖

汉宜铁路荆州站
2015年全国优秀工程勘察设计行业奖二等奖

新世界光谷中心B地块住宅小区
2015年全国优秀工程勘察设计行业奖二等奖
2015年全国优秀工程绿色建筑三等奖

武汉万科·润园
2015年香港建筑师学会两岸四地建筑设计论坛及大奖（低层住宅组）金奖
2009年度全国优秀工程勘察设计行业奖（住宅与住宅小区）二等奖
2007年度全国优秀城乡规划设计三等奖

武汉万科城市花园住宅小区（一、二期）
2007年度詹天佑大奖优秀住宅小区金奖
2009年度全国优秀工程勘察设计行业奖（住宅与住宅小区）二等奖（武汉万科城市花园07期）

武汉常青花园四号小区
2001年度建设部城市住宅小区建设试点部级奖建筑设计金奖
2001年度建设部城市住宅小区建设试点部级奖规划设计金奖
2004年度詹天佑土木工程大奖优秀住宅小区提名奖（现为优秀奖）

湖北省人民政府办公大楼
2003年度建设部部级城乡建设优秀勘察设计二等奖（中国勘察设计协会发）
2004年度全国第十一届优秀工程设计铜奖

附录3：学术演讲、论文、专著及主编国家（行业）标准列表
List of Academic Lectures & Papers & Monographs & the National Standard List（Industry）as the Editor

学术专著：

《建筑与结构》，学术专著，编著，2012年，华中科技大学出版社，ISBN：9787560984339，2012年11月第一版，主编（排名第二）

主题演讲：

《"诗意的栖居"——"叠层院墅"的规划设计实践》
2018年，济南，全国住宅设计高峰论坛

《超高空连体建筑设计实践——以武汉保利文化广场与华电集团华中总部研发基地项目为例》
2018年，武汉，2017年度全国工程勘察设计行业奖学术交流会

《设计创新，总建筑师引领——感性建筑 理性设计》
2018年，沈阳，
中国建筑设计改革开放40周年总建筑师论坛暨纪念梁思成创建中国建筑学系90周年论坛

《感性建筑，理性设计——武汉天河国际机场T3航站楼设计实践》
2018年，北京，理性·创新——大型航站楼建筑设计发展论坛

《破土而出》
2016年，西安，时代语境下的地域建筑创作学术论坛

《本色建筑》
2016年，昆明，中国勘察设计协会建筑设计分会2015行业奖学术交流会——东西部建筑师对话

《设计之都与武汉》
2015年，武汉，第三届武汉设计双年展——大匠之学，大美之城

《传承与创新》
2014年，台北，第十六届海峡两岸建筑学术交流会

《小题大作》
2014年，珠海，中国建筑学会建筑师分会建筑理论与创作学组2014年学术年会

《舍本求木——武汉万科润园的规划设计实践》
2013年，武汉，中国第4届工业建筑遗产学术研讨会

发表文章：

《感性建筑，理性设计——武汉天河国际机场三期扩建工程暨T3航站楼设计》
《建筑技艺》2017年12月刊

《武汉天河国际机场三期扩建工程（T3航站楼）》
《城市建筑》2017年11月刊

《简约建筑，理性空间——武汉保利文化广场》
《建筑技艺》2016年2月刊

《舍本求木——武汉万科润园的规划设计实践》
《2013年中国第4届工业建筑遗产学术研讨会论文集》，2013年11月

《构建开放型宜居新社区—武汉常青花园十一小区规划设计》
《华中建筑》2009年12月刊

《适度技术 本质设计——湖北省人民政府办公楼建筑设计》
《建筑学报》2008年6月刊

《华中建筑》
2006年第四期特邀主编

《保持合理的校园规模——华中师范大学教学区改扩建规划与单体方案设计》
《新建筑》2002年04月刊

国家工程建设标准和国家（行业）标准设计编订：

《民用建筑设计统一标准 GB 50352—2019》
实施日期：2019年10月1日（主要起草人）

《民用建筑设计通则 GB 50352—2005》
实施日期：2005年7月1日（主要起草人）

《全国民用建筑工程设计技术措施（规划·建筑）》
实施日期：2003年3月1日（编写组成员）

《全国民用建筑工程设计技术措施——建筑节能专篇 2007JSCS—J》
实施日期：2006年11月9日（编写组成员）

附录4：近期项目列表　List of Recent Projects

襄阳大厦
Xiangyang Tower

设计时间：2016年 09月—2017年11月
总建筑面积：147876m²
建筑高度：263.2m
合作建筑师：程一多、毛凯、王珊、庞天澍
合作单位：华东建筑设计研究院有限公司

盛观尚城
Shengguanshang Town

设计时间：2016年 08月—2018年3月
总建筑面积：587216m²
建筑高度：138m
合作建筑师：杨春利、葛亮、马亮、章生平、邵岚、
　　　　　　孙长辉、王济民、刘羽

田长霖国际学术交流中心
Tien Changlin International Academic Exchange
Center

设计时间：2015年 09月至今
总建筑面积：3945m²
建筑高度：12.5m
合作建筑师：邵岚、徐璐璐、马亮

IPD国际（中南设计中心）
IPD International (Central South Design Center)

设计时间：2014年09月至今
总建筑面积：320300m²
建筑高度：218.8m
合作建筑师：杨春利、张文宁、潘天、葛亮、邵岚、
　　　　　　张思然、刘羽、庞天澍、章生平

抗美援朝纪念馆改扩建工程
Reconstruction and Expansion Project of Resist
America Aid Korea Memorial Hall

设计时间：2014年08月—2015年10月
总建筑面积：29983m²
建筑高度：23.9m
合作建筑师：杨春利、潘天、毛凯、邵岚、葛亮、
　　　　　　王珊、张思然、江珊、刘羽、章生平

267

闯王文化园廉政教育基地
Chuangwang Cultural Park Honest and Clean
Government Education Base

设计时间：2014年12月—2015年10月
总建筑面积：4356m²
建筑高度：6.1m
合作建筑师：邵岚、庞天澍、潘天、刘慧

盘龙城遗址博物馆
Panlongcheng Site Museum

设计时间：2014年06月—2016年05月
总建筑面积：18291m²
建筑高度：11.0m
合作建筑师：葛亮、邵岚、潘天、王珊、张思然、
　　　　　　章生平、刘羽、江珊

华电集团华中总部研发基地
Research and Development Base of Central
China Headquarters, Huadian Corporation

设计时间：2013年03月—2016年08月
总建筑面积：354829m²
建筑高度：236.6m
合作建筑师：程一多、潘天、张文宁、毛凯、邵岚、
　　　　　　杨春利、胡江伟、张思然、江珊、刘羽、
　　　　　　章生平

湖北国展中心广场
Hubei International Exhibition Plaza

设计时间：2012年04月—2015年09月
总建筑面积：195629m²
建筑高度：188.0m
合作建筑师：潘天、王珊、程一多、张文宁、葛亮

福星惠誉·水岸国际K15写字楼
Fuxing Huiyu · Waterfront International K15 Office
Building

设计时间：2013年11月—2017年10月
总建筑面积：53115m²
建筑高度：120.8m
合作建筑师：毛凯、涂荣荣、杨春利、张思然

武汉市轨道交通8号线K9地块徐家棚站配套综合楼
Integrated Supporting Building in K9 Block
Xujiapeng Station of Wuhan Metro Line No. 8

设计时间：2011年08月—2015年10月
总建筑面积：79222m²
建筑高度：130.3m
合作建筑师：毛凯、王珊、葛亮
合作单位：中铁第四勘察设计院集团有限公司

武汉天河国际机场T3航站楼
Wuhan Tianhe International Airport T3 Terminal

设计时间：2012年11月—2013年08月
总建筑面积：494923m²
建筑高度：41.1m
合作建筑师：刘安平、熊文超、李浩、刘常明、侯利恩
　　　　　　徐萱、王一鹏
合作单位：中国民航机场建设集团公司规划设计总院、
　　　　　　中信建筑设计研究总院有限公司、
　　　　　　中铁第四勘察设计院集团有限公司

武汉市轨道交通7号线三阳路风塔配套综合开发项目
Integrated Supporting Development Project of
Sanyang Road Ventilating Shaft of Wuhan Metro
Line No.7

设计时间：2013年04月—2016年01月
总建筑面积：244920m²
建筑高度：198.5m
合作建筑师：葛亮、杨春利、王珊、庞天澍、邵岚
合作单位：中铁第四勘察设计院集团有限公司

武汉市轨道交通8号线徐家棚站配套综合开发项目
Integrated Supporting Development Project of
Xujiapeng Station of Wuhan Metro Line No. 8

设计时间：2011年02月—2015年08月
总建筑面积：24753m²
建筑高度：21.2m
合作建筑师：葛亮、张文宁、胡江伟、邵岚
合作单位：中铁第四勘察设计院集团有限公司

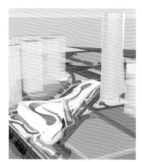

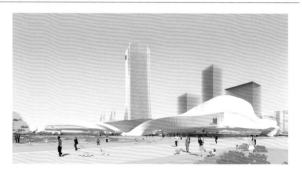

中国银行湖北分行营业办公楼
Office Building of Bank of China Hubei Branch

设计时间：2012年02月—2013年12月
总建筑面积：129787m²
建筑高度：205.3m
合作建筑师：程一多、毛凯、许云、杨春利、葛亮、
　　　　　　潘天、胡江伟

中国人民革命军事博物馆改扩建工程
Reconstruction and Expansion Project of Military
Museum of the Chinese People's Revolution

设计时间：2010年10月—2012年08月
总建筑面积：153000m²
建筑高度：38.0m（扩建建筑）/94.8m（保留建筑）
合作建筑师：杨春利、潘天、许云、程一多、严昕、
　　　　　　贾俊茹、王珊、邵岚、张思然、刘羽、
　　　　　　徐璐璐、马亮
合作单位：中国人民解放军总后勤部建筑设计研究院

CFD时代财富中心
CFD Times Fortune Center

设计时间：2010年06月—2015年04月
总建筑面积：108387m²
建筑高度：212.3m
合作建筑师：杨春利、严昕、刘慧、毛凯、葛亮

武汉中央文化区汉街（J3，J4地块）
Han Street in Wuhan Central Culture District(J3,
J4 Block)

设计时间：2010年09月—2011年06月
总建筑面积：128292m²
建筑高度：30.0m
合作建筑师：杨春利、张文宁、严昕、贾俊茹

光谷新世界中心B地块住宅小区
Site B Residential Quarter of Optics Valley New
World Center

设计时间：2009年10月—2010年5月
总建筑面积：345900m²
建筑高度：100.0m
合作建筑师：杨春利、许云、贾俊茹、程舒

武汉万科 · 城市花园南区
The South District of Vanke City Garden，Wuhan

设计时间：2009年07月—2012年05月
总建筑面积：346458m²
建筑高度：18.0—100.0m
合作建筑师：芦晓旭、程一多、雷涛、薄文
合作单位：北京中外建建筑设计有限公司西北分公司

汉宜铁路荆州站
Jinzhou Railway Station of Han Yi Railway

设计时间：2009年03月—2010年07月
总建筑面积：49787m²
建筑高度：24.8m（站房）
合作建筑师：程一多、鲁巍、余雪薇

武汉保利文化广场
Wuhan Poly Cultural Plaza

设计时间：2006年10月—2012年12月
总建筑面积：142742m²
建筑高度：211.8m
合作建筑师：程一多、齐小丹、刘见

武汉万科·润园
Run Park of Wuhan Vanke

设计时间：2006年03月—2007年12月
总建筑面积：87336m²
建筑高度：12.6—98.0m
合作建筑师：王戈、薄文、许云、芦晓旭
合作单位：北京市建筑设计研究院

湖北省人民政府办公大楼
Office Building of Hubei Provincial People's Government

设计时间：2000年03月—2000年08月
总建筑面积：35000m²
建筑高度：49.9m
合作建筑师：邱文航、袁培煌、尹勤旺、唐梅芳

武汉市轨道交通2号线江汉路站
Jianghan Road Station of Wuhan Metro Line No.2

设计时间：2008年11月—2011年09月
总建筑面积：78831m²
建筑高度：30.1m
合作建筑师：夏阳、黄科峰
合作单位：中铁第四勘察设计院集团有限公司

后记　Postscript

　　伴随改革开放40年，本人从业已有了30余年，感谢、感恩这个建筑行业高速发展的时代，本人十分有幸主持设计了多种类型的项目，随着项目的逐渐落成与投入使用，前辈师长和公司领导时有鼓励和督促我做一些梳理总结。因忙于工程，整理工作时断时续，终于在近期与我的工作室团队一起利用工作之余的零碎时间，策划完成了此书。借此契机，我也得以重新思考"还建筑空间之本，正建筑美学之色"的实践意义。衷心感谢袁培煌大师、孟建民院士的鼓励与作序，李保峰院长的对谈与启发，汪原教授的评鉴，助理毛凯、邵岚的编辑整理。谨以此向行业同仁做一次总结汇报，敬请批评指正。

桂学文

2019年03月

图书在版编目（CIP）数据

本色建筑 / 桂学文著. —北京：中国建筑工业出版社，2016.1
ISBN 978-7-112-19051-5

Ⅰ.①本… Ⅱ.①桂… Ⅲ.①建筑设计 – 作品集 – 中国 – 现代 Ⅳ.①TU206

中国版本图书馆CIP数据核字(2016)第016126号

责任编辑：张　建　张　明
责任校对：王　烨
版式设计：毛　凯　邵　岚　潘　天
版式编排：毛　凯　邵　岚　刘　羽　马　亮
　　　　　张思然　章生平　徐璐璐　庞天澍
　　　　　杨　洋　王　珊　李　曲
摄　　影：桂学文　毛　凯　庞天澍　丁　烁

本色建筑

桂学文　著

*

中国建筑工业出版社出版、发行（北京海淀三里河路9号）
各地新华书店、建筑书店经销
北京雅昌艺术印刷有限公司印刷

*

开本：880×1230毫米　1/16　印张：17　字数：564千字
2019年6月第一版　2019年6月第一次印刷
定价：288.00元
ISBN 978-7-112-19051-5
（28334）